NF文庫
ノンフィクション

復刻版 日本軍教本シリーズ

「空中勤務者の嗜」

佐山二郎編

古くても大事なこと
――「空中勤務者の嗜」を読んで

高須クリニック統括院長　高須克弥

　僕は空襲の最中に防空壕で生まれました。気がついた時には焼け野原を見て育っています。だから、日本はもういっぺん今度負けた時はどういうふうにすればいいんだってことはよく分かっております。

　もう、僕は八〇ですから、世代が団塊より古いんです。まだ生き残ってる九〇代の人たちと、ゴルフもします。その人たちは九四と九一で、零戦のリベット打ってた人たちなんです。話は僕たち、よく通じます。でも、今の子供たちとは、もう、国が違うぐらい話が合わない。ですから、見るとすごくなんか懐かしくて嬉しいんです。

　僕は、戦争をやっている所へもよく行きます。中東戦争の時、ヨルダン領をガザ地区に行っていたし、数年前には、シリアにも行っていました。タイ、カンボジア国境で、医療活動をやる計画があって、その時には後方支援をやっていました。

何度も死ぬような思いはしましたけど、なかなか死なないんです。命を大事にする人って、わりと早く死を迎え、弾のなかに突っ込んでいくような人が生き残るような気がするんですよね。たいてい、敗走する時に、すごく負け、やられるけど、攻勢している時の方が、損害が少ないみたいですよね。

日本の陸軍は、基本的には合理的だったと思いますよ。はじめから、弾が不足していて、武器が不足していて、そんななかで戦うための取扱説明書ですから、すごく合理的です。その陸軍の戦い方で結局、ベトナム戦争で、ベトナムはアメリカに勝ちました。あれは、日本の陸軍の戦い方です。

ゲリラ戦に強いんです。だから、本土決戦をやったら、案外に日本は長いこと戦ったような気がします。原爆も落とされて、最終的には降伏したけれど、案外、粘り強く戦っていた可能性もあるなあと思います。

硫黄島にも行きましたし、沖縄でも陣地を全部見てきました。ものすごくうまく作られてますね。物資の補給だけの問題だったんで、現在のウクライナみたいに支援があれば勝てたんじゃないでしょうか。

今の若い子たちにとって、すごく必要なことばかり書いてあると思います。今の若い子たちは、マニュアルがないと動けない。自主的に動けって言うと、何をやったらいいか分からないんで気の利いたことができないんです。

日本人に向いてるのは、きっちりとしたマニュアル、取説を与えてやることです。それがいちばん大事なんだけど、それだけじゃダメなんです。それについての、心がけとか、そういうことを教えてないんです。

たとえば、この頃すごく事故が多い。JRとか航空機だとか、あれみんな取説どおりにやってるだけで、自分の心がないもんですから、うまく、作動しないんですね。うまく行ってる時はいいんだけど、ちょっと気候が変わったり、状況が変わったりすると、たちまち新幹線が止まっちゃったり、飛行機が落ちたりなんかするんです。

これらのことって、ひとつひとつすごく大事だと思うんです。

「空中勤務者の嗜《たしなみ》」は正直、古いなあとは思いましたが（笑）、でも、大事なことが書いてあるんです。

これからの航空戦って、ドローンとミサイルが主体になると思いますし、空母も時代遅れになる。遠隔地から、衛星をつかって攻撃するっていう風になっちゃうと、もうみんな家にいて戦闘やるみたいになっちゃうから、現実に戦う気概がなくなっちゃった時に、どうしようもなくなっちゃいますよね。

だから、古いかもしれないけど、この心はすごく大事です。今の自衛隊に合うようにこうした教本を作るべきかもしれません。

今、そのまま現代語訳すれば、すぐ受け入れられるだろうと思うんですけど、今の子供たちは、どちらかというと、活字を読むよりも、音で耳に入ってくる。だから、なんか読ませるように、工夫は必要でしょうね。

学んで心がけを知る。それって、やっぱり、すごく大切なことだと思います。

高須克弥（たかす・かつや）
一九四五年生まれ。一九六九年、昭和大学医学部卒業、医師免許取得、昭和大学医学部大学院博士課程入学。一九七三年、昭和大学医学部整形外科大学院卒業、医学博士号取得。一九七四年、日本医師会入会、愛知県幡豆郡一色町にて医療法人福祉会高須病院開設。一九七六年、愛知県名古屋市にて高須クリニック開設。以後、各地に高須クリニックを開設。一九七八年、日本テレビにて美容外科技術紹介（「11PM」〈～一九八七年レギュラー出演〉、「2時のワイドショー」〈～一九八二年レギュラー出演〉）。以降も他テレビ番組に出演。一九八〇年、日本形成外科学会認定医取得。一九八七年、日本美容外科学会専門医認定取得、日本脂肪吸引学会会長就任。二〇〇三年、日本美容外科医師会認定医療機関として認められる。二〇一一年、昭和大学医学部形成外科学（美容外科学部門）客員教授。その他講演も多数こなす。

編者まえがき

「空中勤務者の嗜《たしなみ》」は横八・九センチ、縦一二・七センチ、本文二二ページの小さな本である。手に取れば重さも感じないほどだが、昭和十六年十二月八日の日付が入っている。太平洋戦争開戦の日である。この日早朝に真珠湾の米海軍を奇襲攻撃し、午前七時の臨時ニュースで大本営陸海軍部から米英軍と戦闘状態に入ったと発表された。誰もが興奮の直中《ただなか》にあるその日に配付するために、密かに事前に準備されたのであろう。

前文に「本書を空中勤務者精神教育の資とすべし」とあるように、対象は航空兵のうち空中勤務者に限定し、地上勤務者には配布していない。空中勤務者とは操縦士のほかに爆撃手や整備士、通信士などを含む総称だが通称ではなく正式な用語である。

この本の特色は文字が大きく一行に一九字、一ページに九行しか組んでいないので文字数は三五〇〇に満たない短文だが、すべての漢字に仮名を振ってあることだ。一般的な歩兵操典にも総ルビのものがあるが、航空兵の教範にまで総ルビを振ったのには何か理由があったはずだ。空中勤務者は必ずこの本を手にとり、よく読んで理解するとともに、いよいよ始まった戦争に対する決意を固めよということであろう。

空中勤務者全員に配ったかどうかは分からないが、機秘密の表示はないから、たくさん印刷されていれば今日残っていてもいいはずだが、編者は所有する一点以外には見たことがない。しかし国会図書館には保存されているし、ほかにも所蔵する図書館がある。過去にオークションに出品されたことがあったが、高値が付いたわけでもなかった。つまり珍しいものではあるがさほど貴重なものではない。

内容を見ていくと冒頭から「全身全霊を挙げて任務に投じれば、死生も名利《めいり》もみずからこれを超越し、遺憾なくその本分を尽くすことができる、常に身辺を整理して後顧の憂いを断てば、心気みずから明朗となり、修錬を楽しみ、喜んで任務に就くことができる。そうすれば危難恐れるに足らず、死もまた意に介さない境地に入ることができる」とあるように、この本は太平洋戦争開戦にあたり、最前線に立つ空中勤務者に対し死を恐れない精神教育を施すためのものであった。また第五には「敵地上空において、一度《ひとたび》飛行不能に陥り友軍戦線内に帰還の見込がないときは、書類などを敵手に任せないよう処置し、潔く飛行機と運命を共にすべし。いやしくも生に執着して不覚を取り、あるいは皇国軍人の面目を忘れて虜囚のはずかしめを受けるが如きこと断じてあってはならない」と具体的な場面を想定して対処の仕方を指示している。これが戦争末期ではなく、開戦前に既に印刷されていたのである。

そのほかにも空中勤務者の心得として必要な事項を記述している。四字熟語が乱用されているがルビを振ってあるから読むことはできるし、理解できないところはない。開戦の日に配付した目的を達することはできたであろうか。

編者としては一つだけ第六の五にある「機付」という用語は知らなかったが、百式司偵の整備は整備班長（少尉）の下に機付が四名いて機付長は軍曹であることは分かったので、担当整備兵と理解した。

航空兵の一般的な教範としては「航空兵操典」がある。昭和十九年五月東条英機が陸軍大臣のときに航空兵操典が改訂され、「戦闘間における将兵の心得」が追加された。その第一章に「空中勤務者」があり、三二項目にわたり注意事項が記述されている。そこに書かれていることは「空中勤務者の嗜」から引用したものがほとんどで、その最後は「敵地において手段なきときは潔く愛機と運命をともにし、断じて虜囚の辱めを受けず」と「空中勤務者の嗜」第五とほとんど同じ文言で結ばれている。

「空中勤務者の嗜」は実戦を間近にした空中勤務者に対する精神教育に用いるものであるから、空中戦闘に関する技術的な説明がない。そこで本冊の残るページを空中戦闘の解説にあてることにした。素材は二点あり、何れも昭和十九年に刊行された資料で、編者が永年保管してきたものである。かなり専門的であり、図解はほとんどないので理解し難いところがあるかもしれないが、編者は何週もかけて読み解きながら、入力を進めてきた。この二点の資料から得た知識は従来どこからも得られなかったもので、陸軍の空中戦闘に関する系統立った基本資料として広く利用されることを願う。ただしこれらはいわば教科書に過ぎないものであるから、実戦においてどのような結果になったかは戦訓、戦史などあまたの資料から別に学ぶことが必要である。

「空中戦闘教程」は昭和十九年九月に陸軍航空総監部が刊行した本文七三ページの冊子で、秘密扱いではなく航総普第一九三六号と記してある。九七式戦闘機の視界図などが三葉付いているが、極めて専門的であるため割愛した。加速度と人体の関係、視力と視界に関する記述などは今日でも一読の価値がある。空中勤務者の基礎的マニュアルとして有用である。欧州大戦末期からの空中戦闘の沿革について一〇ページにわたり記述しているが、本書のテーマではないので、他日別に発表することにしたい。

「戦術教程（航空篇）」は陸軍航空士官学校の教科書である。昭和十九年八月に改訂された生徒用とあるが、教授用は見たことがない。表紙の右下に第〇〇中隊第〇〇教授班と所属欄および氏名欄の枠線がある。無記名で入手したので、おそらく未使用と思われる。秘第三八号とあり、表裏の表紙に幅約一センチほどの赤線が印刷されているのが珍しい。二九七ページにわたりぎっしりと記述されている。本冊にはこの中から空中勤務者および空中戦闘に関する部分を引用し、地上勤務者については割愛した。

二〇二四年十一月

佐山二郎

復刻版　日本軍教本シリーズ

「空中勤務者の嗜」――目次

古くても大事なこと　高須克弥　3
――「空中勤務者の嗜」を読んで

編者まえがき　7

空中勤務者の嗜　19
昭和十六年十二月　陸軍航空総監部

参考資料　31

空中戦闘教程
用語の解　33
第一章　空中戦闘の特性と空中勤務者　39
第二章　索敵及警戒　43
第三章　接敵　要則　61
第四章　空中戦闘　70
第五章　編隊　86

戦術教程（航空篇）

兵語の解　89
戦争、作戦と航空　96
航空戦力の本質　101
空中戦闘　106
航空部隊の編組、各部隊の任務並びに特性　112
航空部隊指揮一般の要領　122
機動及展開　153
飛行部隊　177
邀撃　244

復刻版　日本軍教本シリーズ

「空中勤務者の嗜」

空中勤務者の嗜

昭和十六年十二月　陸軍航空総監部

空中勤務者の嗜

昭和十六年十二月
陸軍航空總監部

原本表紙

本書を空中勤務者精神教育の資とすべし

昭和十六年十二月八日　陸軍航空総監　土肥原賢二

空中勤務者の嗜

目次

序
第一　要則
第二　出発前の心得
第三　飛行中の心得
第四　空中戦闘および任務遂行に対する心構え
第五　変に処する覚悟
第六　帰還および着陸時の心得
結

空中勤務者の嗜《たしなみ》（こころ掛け）

序

軍人修養の大本《たいほん》（一番のもと）は炳乎《へいこ》（きわめて明らか）として勅諭（軍人勅諭）に明らかにして、また戦陣訓をもってこの服行（服従して実行する）の憑拠《ひょうきょ》（根拠）を示された。

本書は右にもとづき陣中における空中勤務者の嗜とすべき要項を掲げ、もって航空精神の昂揚に資するものである。

第一　要則

一、任務に邁進

空中勤務者は身をもって空中に挺進（先に進む）し、如実に航空の本領を発揮すべき重任と栄誉とを担う。

ゆえに空中勤務者は崇高なる献身殉国の至誠を基《もとい》として、心身を鍛錬し、特技を錬磨し、もって弥《いや》が上にも必勝の信念を固め、一度《ひとたび》任務を受ければ積極果敢万障を排してその必達を図り、不屈不撓《ふとう》その完遂に邁進しなければならない。

即ち誠を尽くし、全身全霊を挙げて任務に投じれば、死生も名利《めいり》（名誉と利益）も自《おの》ずからこれを超越し、遺憾なくその本分を尽くすことができるであろう。

23　空中勤務者の嗜　昭和十六年十二月　陸軍航空総監部

二、軍紀

戦力を一点に集中し、勝《かち》を一瞬に制するのは空中戦の常である。ゆえに空中勤務者は特に軍紀を恪守《かくしゅ》（厳守）し、命令の実行に至厳（きわめてきびしい）であることを要する。

三、特性涵養《かんよう》

空中勤務者は烈々たる攻撃精神が充溢し、事を謀ると綿密周到、任にあたると果敢断行、機に臨み変に応じては冷静しかも慧敏《けいびん》（反応がすばやい）よく機局（情勢）を明察し、常に主動（中心）に立ってこれに処することが肝要である。

四、明朗

空中勤務者は特に心気明朗であることを要する。一切の我執《がしゅう》（自己中心の考え）を去り、躬行《きゅうこう》（自分で実行する）を慎み、かつ常に身辺を整理して後顧の憂いを断てば、心気（気分）自ずから明朗となり、修錬を楽しみ、喜んで任務に就くことができる。そうすれば危難恐れるに足らず、死もまた意に介さない境地に入ることができるであろう。

五、健康

空中勤務者の健康は戦力の一大要素である。平素より積極的鍛錬に努め、健康増進、体力向上を図り、困苦欠乏に堪える修錬を心掛けなければならない。

六、兵器尊重

飛行機は空中勤務者の唯一絶対の兵器である。したがって常にこれを尊重愛護するのは勿論、深くその性能に通暁（精通）し、その活用に遺憾のないことを要する。

不注意のため飛行機を破損してはいけない。なかんずく地上事故は恥辱の甚だしいものと心得なければならない。

七、空地一体

地上勤務は空中部隊活動の根基《こんき》（根底）である。ゆえに空中勤務者は空地一体の精神を銘肝し、謙虚に己《おのれ》を持し、地上勤務者に対する尊敬報謝《ほうしゃ》（感謝）の念を忘れてはいけない。

八、空地協同

航空部隊と地上軍隊とは唇歯《しんし》輔《ほ》車《しゃ》（互いに支えあって存在している）の関係にある。よろしく（すべて）相信じ、相扶《たす》け、相携えて全局の戦捷（戦勝）に全幅の努力を払わなければならない。

九、克己《こっき》

戦場は困苦、欠乏、不足、不自由を常とし、またややもすれば錯誤をともなう。不平、愚痴は弱者の声と知らなければならない。

第二　出発前の心得

一、自己の任務を正しく理解せよ。そしてその遂行の最良手段を考究し、その実行について周到綿密に準備しなければならない。

二、できる限り彼我最新の状況を明らかにし、また気象状況の詳知に努めなければならない。

三、地図の準備は周到であることを要する。

地図には軍機漏洩の虞《おそれ》がある事項を記入してはいけない。

秘密書類の携行は努めて避けよ。書類地図は飛行中飛散しないよう処置しなければならない。

四、摂生《せっせい》（食事や生活習慣に気をつけて生活すること）を守り、英気（気力）の保持増進に努めなければならない。

五、出発準備に余裕を持て。
六、携行品および器材の点検に遺漏があってはいけない。
空中勤務者は、出発前よく飛行機の諸装置並びに携行品の完整（完全で揃っている）を期し、操縦者は特に飛行機の状態、燃料の状況を詳知しなければならない。
七、時間を厳守せよ。時計の規正（時間合わせ）を忘れるな。
八、出発のための地上滑走および離陸は慎重に行え。
一機の事故であっても部隊全機の行動を妨げる。晴の門出を曇らせてはいけない。

第三　飛行中の心得

一、指揮官は気象判断を適切にしてこれを利用克服し、危難を未然に防止してその任務に邁進しなければならない。
二、空中勤務者は飛行中各々その主務にあたり、厳に敵機を警戒し、長機僚機互いに注意を払い、鉄壁の陣をもって前進しなければならない。
僚機は常に長機を信頼してこれに随従《ずいじゅう》し、その掌握下を離れてはいけない。
三、指揮官は勿論、編隊をもって飛行する場合においても、各機地点の標定を確実に実施しなければならない。

第四　空中戦闘および任務遂行に対する心構え

一、焦燥《あせ》るな、落着け、平素の訓練基本動作の気持に還《かえ》れ。

二、任務第一、断じて行えば鬼神もこれを避ける。

三、小敵であっても侮らず、強敵であっても恐れる勿《なか》れ。

四、各機各隊各分科（戦闘機隊、爆撃機隊、襲撃機隊など）協同して、全体の綜合戦果を最大ならしめることを心掛けよ。

五、一機に搭乗する者は、互いに相信じ、死生栄辱を共にしなければならない。抜駆《ぬけがけ》の功名に走り、あるいは己の便のみを考えて累を他に及ぼすこと勿れ。

六、努めて戦果または任務遂行の実情を確認しなければならない。

七、所要事項は機を失せず（遅れずに）速やかに要旨を報告しなければならない。

第五　変に処する覚悟

敵地上空において、一度《ひとたび》飛行不能に陥り友軍戦線内に帰還の見込がないときは、書類などを敵手に任せないよう処置し、潔く飛行機と運命を共にすべし。苟《いや》しくも生《せい》に執着して不覚を取り、あるいは皇国軍人の面目《めんぼく》を忘れて虜囚の辱《はずかしめ》を受けるが如きこと断じてあってはならない。

第六　帰還および着陸時の心得

一、帰還は任務の締め括り、索敵（敵の位置、兵力などをさぐる）警戒を怠る勿れ。

二、着陸は焦燥《あせ》らず整斉（整い揃っていること）にして死節時（無駄な時間）を減じよ。戦闘後にあっては特に慎重であることを要する。如何なる場合にも飛行場の状態およびその標識を確かめて着陸しなければならない。

三、着陸時およびその直後は敵追尾攻撃の虞がある。気を緩めてはいけない。

四、聊《いささ》かも功を誇らず、むしろ任務を十二分に尽し得たかを省みなければならない。

五、機付《きつき》（担当整備兵）との連繋は緊密であることを要する。

六、速やかに次の出動に気構えよ。敏速出動、反復出動は皇軍航空の特徴である。

七、報告は順序よく明瞭に。不確実または誇大な報告は士道に悖《もと》る（反する）のみならず、爾後の運用を誤らせる。戒めなければならない。

結《むすび》

以上は詮《せん》じるところ（つまるところ）皇軍独特の航空精神の発揚に外ならない。

航空精神は、聖諭《せいゆ》（天皇のことば）に示し給える誠心《まごころ》の真姿《しんし》が航空必須の無形的要素として、随時随所に顕現したもので、皇軍航空の精否（強さ）は、一にその振否《しんぴ》（優劣）如何に繋《かか》ること明らかである。

然り而《しこう》して（そうして）、戦陣に臨んで遺憾なくこの精神を体現発揮するためには、平素より日夜不断の修錬を累《かさ》ね、不動の境地に到達することが絶対に緊要である。

空中勤務者たる者、豈磨《あにみが》かざるべけんや（どうして練磨しないでよいだろうか）。

豈努めざるべけんや（どうして努力しないでよいだろうか）。

参考資料

空中戦闘教程（抜粋）

昭和十九年九月一日　陸軍航空総監　菅原道大

用語の解

意表外の攻撃　意表外の攻撃とは被攻撃機が攻撃機の行動全経過を確認しているか、またはこれに対応する余裕があるが、自己の判断と異なる攻撃をいう。

威力圏　単機もしくは部隊がその単位時間内にその威力を及ぼし得る範囲。

掩護　空中において友軍機に対する敵機の攻撃を排除し、その戦闘を容易にさせることをいう。

火網構成　複座機あるいは単座機の編隊による火戦において所望の方向にその火力を集中し、または側防により編隊の射死界を消滅する射方向の選定および各機の行動をいう。

奇襲　奇襲とは被攻撃機が攻撃機の行動全経過を発見できなかったか、または途中でこれを発見したが、全然これに対応する処置の余裕がなかった場合の攻撃をいう。

機動性　機動（戦況に合わせて部隊を移動する）に関する飛行機固有の性能をいう。

機動力　機動性に操縦技量を加味した機動に関する能力をいう。

急降下攻撃　急降下攻撃とは固定銃（砲）戦闘において十分制高の利を有し敵の上方より急降下突進し、敵に急迫して行う攻撃経過をいう。

共通射死界　共通射死界とは編隊内のどの飛行機よりも射撃できない射死界をいう。

空域　空域とは地域と高度とを示し限定された立体的空間をいう。

空中戦闘　機上火器による空中および地上目標に対する射撃戦闘およびこれに関連する対敵行動を総称する。

高空　四〇〇〇メートル以上八〇〇〇メートルまで。

航空基地　航空基地とは交通および通信施設をもって有機的に結合し所要の防空部隊を配置した飛行場群をいう。

攻撃開始位置　単機にあっては突進開始点に占位のための機動開始の位置、編隊以上にあっては指揮官の攻撃下令位置をいう。

攻撃方向　攻撃方向を示すには敵機およびその航進（飛行）方向を基準として上方、下方、前方、後方、側方などと称え、その合成方向については後側上方あるいは前側下方などと称する。

高々度　八〇〇〇メートル以上。

航進空域、哨戒空域、行動空域　航進空域とは高度および方向上における航進のための区域をいう。哨戒空域とは哨戒に任じる飛行機の哨戒する区域をいい、行動空域とは監視などに任じる飛行機が行動する区域をいう。

索敵及警戒　索敵とは空中において機影を発見し、その彼我を識別し、機種兵力を認識することをいう。

警戒とは空中の敵機から奇襲されないための索敵即ち敵機を発見後これに対応する処置を施し得る距離において敵機を発見するための索敵をいう。

警戒のため行う索敵を単に警戒というのに対し、攻撃のため敵を求める索敵を単に索敵と略称することがある。

支援　適時戦闘に加入してその戦闘を容易にし、またはその戦果の拡張を図るなどの動作をいう。

視界　視界とは翼、胴体などに遮られることなく遠距離を通視し得る空界をいう。視界はその目的により戦闘視界、編隊視界、射撃（照準）視界などと区分する。

視死界　視死界とは翼、胴体などにより通視を遮られる空界をいい、搭乗者および飛行機の姿勢を変化しても通視不可能な部分を絶対視死界という。

射界　射界とは翼胴体その他により射撃の妨害を受けない空界をいう。

射死界　射死界とは翼、胴体、その他の原因により射撃不能の空界をいう。
集結　各機が出発時の順位にもとづき集合することと「併合」との総称である。
集合　各機が固有の編成に集まることをいう。
重層配置　重層配置とは同一任務をもって同一地区上空に二箇以上の独立した編隊を高度上に重層した配置をいう。
上空掩護　友軍の上空にあって他の敵機の戦闘加入阻止に任じる行動をいう。
進攻　進攻とは敵地に進出して飛行部隊の独特の戦闘威力を発揮する戦闘をいう。
制高の利　高い場所から低い場所を見下ろすことで得られる優位性。
斉動　各機が同一行動をもって一斉に旋回（転回）の機動をなす行動をいう。
接敵　接敵とは攻撃の目的で敵機との距離、高度および速度を処理し、所望の攻撃開始位置に至ることをいう。必要に応じ戦闘圏に近く接近するまでの接敵を遠距離接敵と称し、戦闘圏内の射撃位置に占位するための接敵を近距離接敵と称し、その経過を区別することがある。
戦闘圏　単機または部隊が空戦において構成する戦闘構成圏。
中空　一〇〇〇メートル以上四〇〇〇メートルまで。
超低空　地物よりの比高（高度差）が概ね五〇メートル以内をいう。

追躡攻撃　追躡《ついじょう》攻撃とは固定銃戦闘において制高の利を有しない場合に、敵の後方至近距離にその射撃位置を占める目的で敵機の行動に追躡肉薄する攻撃経過をいう。
低空　五〇メートル以上一〇〇〇メートルまで。
転回　水平機動より垂直機動に急激に移行する動作をいう。
突進　突進とは固定銃射撃のため機首を目標機に指向し、前進し、この間射撃諸元を決定し、照準し、発射する行動をいう。この行動を開始する点を突進開始点という。
反撃　反撃とは敵の突進に対し被攻撃機が突進または機動により攻撃のための積極動作に出ることをいう。
庇掩《ひえん》　主として戦闘隊を在空させ、敵の偵察または攻撃に対し地上兵団の企図および行動を秘匿または掩護させることをいう。
赴援《ふえん》　空中において他の部隊に対し支援のため取る行動をいう。
分開　空中において指揮官の命令により所定の距離間隔を取ること。
併合　各機が建制（編成表上の本属の組織）にもとづくことなく集合することをいう。
編隊及編隊群　編隊とは二機以上を一指揮官の指揮下においた空中部隊をいう。
捕捉　捕捉とは敵の行動にかかわらず、これに有効な攻撃を与え得る態勢を取り得る状態をいう。

有効射界　有効射界とは射界のうち有効射撃距離内をいう。

邀撃《ようげき》　邀撃とは敵の来襲をわが準備した空域に邀《むか》えてこれを撃滅する戦闘をいう。迎撃とは自軍の防衛線で敵を迎え撃つことで、この二つの用語は目的と場所が異なる。

離脱及離隔　離脱とは戦闘間自己の意志によりその戦闘経過を中絶するため敵との距離または高度を取ることをいう。離隔とは目的にかかわらず敵と近接した状態より敵との距離または高度を取ることをいう。時として次の攻撃のため間合いを取るため離隔することを単に離隔と称することがある。

連鎖　各機が指揮官の掌握下において一定の距離を保ちつつ戦闘に任じる機動をいう。

総則

第一　空中戦闘とは機上火器をもってする空中および地上目標に対する射撃戦闘およびこれに関連する対敵行動を総称し、速戦即決をもって本旨とする。およそ軍用飛行機としてその任務を達成するにあたっては、如何なる場合においても戦闘行動を度外視できないものであり、飛行隊の分科の如何にかかわらず、任務達成の能否は空中勤務者の空中における戦闘行動に関する能力の如何により左右されることが大きい。そして空中戦闘は精神が充実していないときはその真価を発揮し難く、心手《しんしゅ》

（精神と技）が期せずして活動するものはよく功を奏し得るものである。ゆえに空中勤務者は指揮官以下特に航空兵必須の精神要素の具備涵養に勉めるとともに、戦技技能を錬磨向上して精熟の域に達し、もって空中威力の最大発揮に遺憾のないよう期すことを要する。

第二　本書は空中戦闘構成の諸因子を考究し、もって各分科戦闘規範研究の基礎的知識を習得させることを目的とする。ゆえに空中勤務者は本書によりその素地を得るとともに、益々研鑽錬磨し、もってこの蘊奥《うんのう》（極意）把握に勉めることを要する。

第一章　空中戦闘の特性と空中勤務者

第一節　空中戦闘の特性

第三　空中戦闘は戦闘隊などが行う攻撃戦闘およびその他の部隊が行う自衛戦闘であり、その経過は機動と射撃並びに空中爆撃により行われる。そして空中戦闘の実相は当時（そのとき）における敵の状況、季節、天候、気象および明暗の度などによりその趣を異にするが、主要な特性を挙げれば左のとおりである。

一、戦勢の変化が急激で、不期不測の戦況が随所に現出するほか、戦闘経過が神速（極めて速い）で好機は瞬時に経過し、迅速に勝敗を決するのを常とする。したがって空中戦闘の実施にあたっては神速な決心および機敏な行動により即時即決的に行動し、心手期せずして平時の訓練および技量をそのまま如実に発揮することを要する。

二、戦闘が開始されると適時適切な指揮連絡は困難となり、各機の適切な独断を要することが多い。また戦闘開始後は相互赴援（空中において他の部隊に対し支援のため取る行動）並びに協同を適時適切に行うのが困難となることが少なくない。

三、戦闘前の比較的冷静な心理状態から一瞬にして凄惨な各種の戦況に直面し、心理状態の激変に遭遇するのを常とする。

四、空中戦闘が心身に及ぼす疲労はその戦闘時間が短小であるのに比べて極めて大きい。殊に高度が大きくなるにしたがってそうである。

五、彼我戦闘の勝敗の真相が直接眼前に展開され、志気の振否に敏感に作用する。殊に戦闘初期における成果如何が爾後の戦闘における全般の戦勢に影響することが大きい。

六、人員、器材の衰損消耗が甚大で、しかも瞬間的にその悲惨な状況を現出する。

第二節　空中勤務者

第一款　空中行動と生理的関係

第四　空中勤務者は飛行機を駆《か》り空中において人間の習性を脱し活動するものであるから、生理的においても各種の特殊事態に遭遇する。ゆえに空中勤務者は空中行動が人間に及ぼす生理的影響を深刻に理解し、この慣熟に勉めるとともに克服利用に遺憾のないことが緊要である。現今飛行機の発達は著しく高度において既に成層圏を侵し、速度においてまさに音速の域に迫ろうとしている。これを駆りその偉大な機動力と独特の戦闘威力とを発揮して空中戦闘行動に任じる者において益々そうである。そして空中における生理的影響で最も直接的でかつ重要であるのは加速度および高空における酸素欠乏の影響である。

第二款　加速度の人体に及ぼす影響

第五　空中における速度の変化は常に加速度をともなう。特に急旋回、急降下、急上昇などの瞬間においては急激な加速度の影響を受ける。実験によれば人体はその体力特に訓練の程度、当時の健康状態などにより差異があるが、通常五以上の加速度を急激にかつ瞬間的に受けるときはたちまち失神状態に陥るとされている。

第六　加速度と失神の状態を概説すれば左のようである。

速度二五〇キロ／時において四ないし五の加速度を徐々に受ければ普通失神しやすい者は五ないし一〇秒間で既に失神あるいは視力喪失の状態に陥り、さらに旋回を持続し三五ないし四〇秒すれば失神者はさらに増加するといわれている。そしてこのような速度、加速度および旋回時間においては失神者の生起は一部の者であるが、短時間の旋回、急上昇例えば三〇〇キロ／時での急旋回の初動時においては通常五ないし六の加速度を瞬間的に受けるもので、その瞬時において大多数の者は失神あるいはその直前の状態にある。敵に優る速度と機動力とを最高度に発揮して敵を空中に捕捉撃滅することを主任務とする戦闘操縦者においてこの影響が特に大きい。

第三款　高空の人体に及ぼす影響

第七　高空に至るにしたがい空気密度は減少し、空気中に含有する酸素量も減少する。飛行機は通常高空を行動するものであるから、空中勤務者は常にこの対策を講じておくことが必要である。高空における耐久性は鍛錬によりある程度増加できるが、一定限度以上は不可能であり、通常普通の者は五〇〇〇メートル以上においては酸素吸入の必要が生じる。酸素欠乏にもとづく失神はこれに耐えつつあるとき、あるいは耐え得る最大限における飛行時間の増加またはその際の急激な操舵などにより、知らず知らずのうちに、もしくは瞬間的に失神状態に陥るもので、重大事故の素因となり、最も危険であるので厳に注意しなければならない。

第二章　索敵及警戒

第一節　索敵

第八　索敵とは空中において機影を発見し、その彼我を識別し、その機種兵力を認識する動作の総称で、通常遠距離目標に対してはまず機影を発見し、次いで彼我を識別し、さらにその兵力機種を認識する経過をたどるが、近距離目標に対してはこれらの諸件は概ね同時に完了するものである。

第九　空中戦闘は索敵により生起し、その良否は直接空中戦闘の勝敗に甚大な関係を有して任務達成の能否を左右するものである。ゆえに機種の如何を問わず、時と所に関係なく、空中における行動間は常に周密に索敵していなければならない。戦闘機において特にそうである。空中においては爆音のため聴覚の補助を欠き、終始視覚のみに依存しなければならないので、索敵は著しく困難性を増大する。

第十　空中勤務者なかんずく空中指揮官は索敵の理論を研究把握するとともに、絶えずその訓練を重ねることにより、できる限り遠距離において索敵が完了するように期さなければならない。

第一款　索敵の特性

その一　機影発見の距離

第十一　機影の発見距離は索敵の熟否、視力、敵機の状態（形状、大小、色彩、機数、隊形および行動）、天候気象特に大気の透明度、太陽の位置、背景などにより差異があるので、この基準を数的に決めることはできない。

第十二　索敵の熟否は一に訓練の精否による。ゆえに索敵の理論を深く理解してこの実行を合理的にし、かつ機体姿勢の保持または部隊内における隊形保持などに大きな注意力を奪われずに、索敵を実施し得る域に訓練を到達させることが緊要である。

第十三　肉眼の最高視力は概ね二・〇で、その視角は八キロの距離において一・二〇メートルである。そして空中目標はその幅員および型式により差異があるが、如何なる機種においてもその幅員の大部は主翼である。しかし空中においてその主翼の大部を望見し得ることは比較的少ない。遠距離目標において益々そうである。ゆえに視力のみにより発見距離を考察すれば、概ね八キロの距離において中小型単機を辛うじて点として認め得る程度である。

第十四　複葉機は単葉機に比べて発見できる距離は増大する。大型機の大集団は個々の機影を認められない場合においても漠然と一塊の黒影として認めることができる。また旋回などによりその機影の最大面積をわれに示すとき、あるいは急激な動作により瞬間的に陽光を反射するような場合も相当発見距離を大きくする。しかし現在のように高速疎開（敵の攻撃が届かない空域へ移動する）の隊形をとる敵に対しては著しく発見距離を減少するものである。

第十五　天候（大気の状態）気象（予測）は発見距離に影響することが極めて大きく、煙霧および湿度は晴天にあってもその影響は特に大きい。しかしこれが存在する空層は概ね限定されることが多いので、気象上の判断を適切にし、自己の空域を決定する着意が緊要である。

第十六　太陽の直接方向は発見距離を著しく短縮する。太陽の位置が高い場合において太陽の反対側と太陽側の何れが発見距離を増大するかは、一律に決めることはできず、大気中の湿度または背景などの関係により却《かえ》って太陽側が発見距離を増大することがある。日出《にっしゅつ》直前、日没直後においては通常太陽側に対する発見距離が増大することが多い。白雲、海上、河川、砂地、一面の積雪地などを背景とする敵は、発見距離が大きく、錯雑する地形地物、斑点のある積雪地などを背景とする敵特に低空における暗緑色迷彩敵機は発見困難である。

その二　発見の機会

第十七　空中においては発見の憑拠《ひょうきょ》（根拠）とすべき補助物は極めて少ないので、あらかじめ目標の方向を概定し、その方向を凝視して発見することは困難である。多くの場合発見はただ単に視線を移動しつつある間偶然に目標と合致し、発見の機会を得るものである。ゆえにこの視線の移動要領に関しては十分に研究し、これを合理的にすることが緊要である。

発見の機会を減少させる主要な原因を挙げれば左のとおりである。

一、目標の現出方向は立体球面でその正面は著しく大きい。
二、飛行機の視死角（視界を遮られる角度）により制限される。
三、視察空域の境界を定めるのは難しく、かつこれを記憶することができない。
四、任務および友軍との連繫のためあるいは自機の姿勢保持、編隊の隊形保持、計器の点検などのため時々視線を飛行機に転じ、索敵を中絶しなければならない。
五、高射砲の爆煙、著明な雲、山などのほか補助とすることができる徴候が少ない。

以上のように発見の機会が少ないのが空中索敵の特性で、空中兵力の部署（配置）およびこれに期待できる効果並びに空中行動はこの特性に立脚して決定されたものでなければ単に机上の空論に過ぎず、実効を期し難いものである。

その三　索敵能力に及ぼすその他の影響

第十八　索敵はただ漫然と視線を移動するのみではその目的を達成し難く、意力を集中して初めて達成し得るものである。ゆえになにか気懸りなこと、先入主（偏見）または精神を動揺させるような事象があるときは、著しく索敵能力を低下するものである。

一、任務

対地攻撃または偵察などの任務で地上に注意力を集中する場合はややもすれば上空に対する索敵能力を減じる。

二、生地《せいち》（知らない土地）の航法

未知の地形特に天候気象などの場合においては航法に多大の注意力を奪われ、索敵能力を減じる。

三、機体の振動

機体の振動は身体、眼の動揺を来し索敵力に極めて大きな障害を与えるから、索敵を要する場合においては順調回転数をもって飛行し、索敵を容易にする着意が特に必要である。

四、飛行機の状態

自機または友機の発動機の不調または機体の故障などは著しく索敵能力を減じる。敵地上空などにおいて特にそうである。

五、友機または友軍部隊との関係の保持

大部隊内にあって行動する場合または協同部隊と連絡を保持する場合などにあっては、自機の関係位置保持のため索敵に全力を傾注することは困難である。

以上のような各種の影響はこれを絶対に皆無にすることは不可能であるが、これらに対する顧慮、対策を周到適切にすることにより大いにその負担を軽減し得るものである。即ち任務の付与および部署を適切にするとともに、生地の航法のためにはこれに万全の準備を講じ、また発動機、機体の整備を完全にし、あるいは部隊の編組(編成)、隊形の保持を索敵に便利なようにするなどの訓練と相まって、大きな努力を費やすことなく注意力の大部を索敵に充当し得るように至らせることを要する。

第二款　索敵実施の要件

第十九　空中の敵はその現出方向に制限を受けない特性上、索敵は自機を中心として全球面に対して遍《あまね》く実施しなければならないが、空中状況変化の実相を考察するときその変化の速度はわが航進方向に関し、またその現出の状態は高度の上下に関し大きな差異があることに留意を要する。方向および高度に関し理論的に考察すれば、方向上における索敵の重点は最も空中状況の変化が迅速な自機の航進方向にある。また高度上における敵機現出の状態は、遠距離では自機を通じる水平面に近く現出し、近距離では通常俯仰角の大きい部分に現出するものである。

第三款　彼我の識別および機種兵力の判定

その一　彼我の識別

第二十　彼我の識別を形状、行動、行動位置、高射砲の爆煙などにより判定するためには平時および戦時の調査にもとづき各種方向より撮影した彼我飛行機の写景図あるいは模型を遠距離より望見し、その特徴を記憶していることを要する。しかし形状による判断は遠距離では通常困難であり、特に近時飛行機の型式が相似してきたので益々困難の度を加えつつある。ゆえに機影を発見すれば多くの場合その行動、行動位置、高射砲の爆煙などによりこれを判定しなければならない。そして彼我を明瞭に判定し得ない場合においてはこれを敵とみなして行動を律するのを本則（基本的原則）とする。

第二十一　発見した機影の行動およびその行動位置により彼我を判定するためには、当時における航空作戦および地上作戦の推移を予察し、特に自己行動空域において活躍する友軍機の機種、数、任務およびその行動を出発前に熟知することが緊要である。このため航空部隊相互の連絡は極めて重要である。

第二十二　彼我高射砲の爆煙は機影発見の端緒となるのみならず、彼我の識別に最も確実な憑拠を与えるもので、高射砲は効力を期待できない場合にあっても、在空機に目標を指示するため射撃することがある。

第二十三　彼我相似の機種にあっては比較的近距離にあっても識別困難なことがあるので、このような場合には明瞭な標識をし、または記号、行動を規定するなどの着意を必要とする。

その二　兵力の判定

第二十四　在空敵兵力の判定にあたっては最初に発見した敵に牽制され、全般の状況を認識できない場合が多い。敵がその兵力を重層に配置した場合において特にそうである。ゆえに最初発見した敵に注意を奪われることなく、しかもこれを見失わないようにし、さらにその付近の敵情を精査することに勉めなければならない。このため最初発見した敵の位置を遠大な距離にある雲あるいは地上物体などと対照して記憶し、これを基準としてその上下左右を捜索することが有利である。そして上方にある敵兵力の判定は特に正確を期すよう勉めることを要する。

第四款　視界

その一　視力

第二十五　人間の視力は五メートルの距離において一・五ミリの間隙を視別し、これより小さいものを視別できない視力を単位として視力一・〇とする。そして単位指標の間隙は眼に対し一分画（三六〇度の六四分の一＝五・六二五度）の視角をなす。肉眼の最高視力は概ね二・〇で、その視角は二分の一分画である。したがって二・〇の視力は八キロの距離において一・二〇メートルとなる。人は年齢とともに衰え、視力も通常減退し、索敵警戒能力は減少する。

第二十六　視力は加速度の影響を受け、失神前において先ず視覚は朦朧としてあたかも暗夜を見るような状態に陥るものである。

その二　視界の価値

第二十七　視界とは飛行機の翼、胴体などに遮られることなく遠距離を通視し得る空界をいう。視界の広狭は飛行機の型式により差異があるが、現用の機種型式では視死界（翼、胴体などにより通視を遮られる空界）を絶無にすることは不可能である。

第二十八　視界の広狭は索敵警戒および接敵の難易に関係するのみならず、戦闘実施にあたっては戦闘可能の範囲に影響を及ぼす。即ち自己の戦機可能の視界内に敵機を現出させ、敵の戦闘不可能な視界に潜入しようとする行動は戦闘のため行う機動の重要な事項である。ゆえに空中勤務者は自機の視界を熟知してその弱点を承知しておくとともに、敵の視界を一瞬の視察により判断し、その利用に遺憾のないことを期さなければならない。

その三　視界の特性

第二十九　視界図の示す視界内においても方向により索敵力に強弱があり一様ではない。操縦者の視界において特にそうである。ゆえに視界図の利用にあたってはこれに関する考慮を必要とする。

第三十　視界は機体に対して固定的であるが、飛行機の運動にともない移動する。即ち方向上の視界は旋回により、高低上の視界は傾きにより移動する。そして高低上の移動は瞬間的な場合が多いが、方向上の移動は永続的で、かつ大きいことを通常とする。ゆえにこの関係を特に重視することを要する。

第三十一　視死界はその目的により戦闘視死界、編隊視死界、射撃（照準）視死界などに区分することがある。戦闘視死界は空中戦闘のため通視できない空界、編隊視死界は編隊の如何なる位置からも通視できない空界、照準視死界は照準のため通視できない空界をいう。

視死界は方向により前方、後方、上方、下方および側方視死界に区分する。その特性につき説明すれば左のとおりである。

一、前方視死界は機首および主翼より生じる視死界で、多座機以外の機種にあっては大きな視死界を有するのを通常とする。

二、後方視死界は胴体の尾部および搭乗者の姿勢などにより生じる視死界で、同乗者にあってはその大部を消失するが、操縦者にあっては多くの場合大きな視死界を生じるものとする。

三、上方視死界は上翼および姿勢の関係により生じるもので翼の配置、胴体の経始などにより大きな差異を生じる。

四、下方視死界は機首および下げ翼のため生じるもので翼の配置、座席位置などにより差異を生じる。単座機においては大きな視死界を生じるのを通常とする。

五、側方視死界は主として主翼、発動機架などにより生じる視死界で翼の配置、発動機数などにより大きな差異がある。

その四　視界図

第三十二　視界の調査にあたっては視界図を調整することを可とする。

視界図は設計図または精密に製作された模型によってもその概要を調査できるが、精密な視界図の調整には実物について実測しなければならない。そしてこれを図示するためには円筒投影法に準じるものおよび中心投影法によるものの二方式がある。中心投影法による視界図は比較的実況に類似した視界の現状を現し得る利がある。円筒投影法はその形状が実況に遠ざかるが、編隊構成その他の研究目的を達成するのに便利である。

第三十三　視界図は空中戦闘行動即ち索敵、警戒、接敵および戦闘実行の方策の研究に利用されるのみならず、飛行機の設計、戦闘性能の比較および編隊飛行隊形の決定などに利用される場合が少なくない。

第二節　警戒

第一款　警戒の主眼

第三十四　警戒の主眼は敵の奇襲を防止し、戦闘準備に遺憾のないようにすることにある。このため敵の存在、企図および行動を遠距離において看破《かんぱ》し、その攻撃に際しこれに対応するため十分な余裕があることを要する。現時飛行機速度の増大は益々奇襲を容易とし、警戒の必要が極めて大きくなった。即ち肉眼による索敵可能距離は限定されるにも拘らず、速度の増大は敵機の近接速度を大きくし、一方索敵のための僅少時間に既に他方敵機の近接を許しているのが通常である。

第三十五　警戒の手段は周到な索敵にある。そして索敵は前述のようにその確実性の絶対は期し得ないので、戦場においては不意に敵機の奇襲を受ける虞が少なくない。ゆえに空中勤務者は戦闘間常に警戒に注意し、絶対に自己の怠慢により不覚を取らないよう勉めることを要する。

第二款　警戒の重点

第三十六　警戒の重点を決定するにあたっては方向上および高度上における危険率の大小、自機の視死角、武装上の弱点、視察の難易などを顧慮することを要する。

第三十七　航進方向上における危険率の大小は第十九により容易に理解できるところである。即ち自機と同一水面において同時に同一距離に現れた敵機であっても、その方向によりわれに対する危険率には大きな差異があり、進路の前方にある敵が最も危険であることは明らかである。そしてその大小は彼我の速度差により異なるものとする。

第三十八　高度の上下による危険率の大小は敵機の垂直面内における威力圏に関係する。威力圏とは某単位時間内に到達し得る範囲を称するもので、下方に大きく、上方に小さい。ゆえに上方にある敵機は下方にあるものに比べてその危険率は著しく大きい。そして危険率の大小は敵の機動性の大小に比例するもので、上昇降下性能が大きい敵に対しては上下の危険率が益々増加する。

第三十九　自機の視死角、武装上の弱点などは敵に乗じられる機会が多く、警戒上特に注意を要する方向である。

視死角の主なものは胴体および主翼、発動機などにより生じるもので、機種により異なるが、近時の高性能機は一般に益々その範囲を増大し、単座機にあっては特に後方視死角が増加する傾向がある。天蓋を常に使用する現状において特にそうである。これに加えて単座機は後方に火器を持たない武装上の弱点を形成するのみならず、後方は敵の射撃効果の発揚が容易で、敵は好んで選ぼうとする攻撃方向であるから、警戒上特に注意を要する方向である。

第四十　視界内であっても視察にあたり難易を生じる。即ち操縦者は操縦の必要および姿勢の関係上その視線を前方および側方の浅い俯仰角内に向ける機会が多く、したがってこの方向の索敵力は大きいが、俯仰角が大きい方向および後方は長く視察を持続することは困難である。この視察上の弱点はまた自ら警戒上注意を要する方向である。

第二款　警戒に影響を及ぼす諸因

その一　影響を及ぼす要件

第四十一　行動速度および高度並びに雲および太陽は警戒に及ぼす条件中主要なものである。

第四十二　速度が小さいものは大きいものに比べて側方および後方に対する警戒の要度が大きい。即ち自機の速度が敵の総ての飛行機の速度より大きいと仮定すれば、直進飛行間一度側方および後方近距離に敵を認めない限り、爾後の警戒は前方および上方のみで十分となり、側方および後方から奇襲を受けることはないであろう。このようなことは実戦場裡において実現することは稀であるが、速度の増大が警戒を容易にすることは明瞭な事実である。

第四十三　高々度は敵機の攻撃を受ける虞は少ない。ゆえに任務その他に支障がない限り警戒上高空を行動するのを有利とする。しかし過度に高空を行動するときは気圧の減少、酸素の欠乏および寒気などのため却って索敵能力を低下することがあるので注意を要する。状況により超低空行動もまた敵の攻撃を免れ得る場合が少なくない。

第四十四　雲はわが企図行動の秘匿、回避などのため有利に利用し得るものである一方、警戒上注意を要するものである。即ち薄い層雲、断雲などに近接して行動するのは敵の奇襲を容易にし、また敵地内における雲の下際は対空火器のため正確な射撃を被る虞がある。太陽の方向は奇襲の方向として最適であるから、敵に乗じられないよう特に警戒を周密にすることを要する。

その二　警戒の弛緩しやすい原因

第四十五　警戒弛緩の原因は索敵弛緩の原因と相通じるもので、概ね第十八に準じる。

第四十六　同一行動をとる友軍機数の増加は当然警戒力の増大につながるはずであるが、却ってこれが低下する現象を来すことがある。これは一に他の監視眼に依頼するためで、空中監視眼の増大に比例して索敵警戒能力は必ずしも増加しない空中の特性を理解し、頼むべきではないのを頼んで不覚をとらないことを要する。

第四十七　敵を発見した場合特にこれに対抗する行動を開始した場合は、注意力の大部はこの敵にのみ注がれ、他の方面に対する警戒を怠りやすく、他機の奇襲を蒙ることが少なくない。そして最も危険なのは突進中で、「後方を顧みてその後前方を攻撃せよ」とは単座機の戦闘上不滅の鉄則であり、厳に注意力の普遍性を要求されるところである。接敵間および回避行動間においても往々にしてこれに類似した状況を呈することがある。

第四十八　彼我全般の状況あるいは自機の位置、行動などにより無意識の間に敵機の現出方向を予測し、注意力をその方向に傾注し、他の方向の監視を怠る場合が少なくない。空中の敵の現出は球面でその現出方向に制限を受けない特性に鑑み、これを予測しある方向のみに注意力を奪われることは厳に戒めなければならない。

第四十九　任務遂行のため地上目標あるいは空中の友軍機などに連携している時機は、ややもすれば警戒力が弛緩し奇襲を受けやすい。

第五十　友軍戦線上空においては警戒はややもすれば弛緩しやすく、任務終了後帰還する場合において特にそうである。基地に近づくにつれてこの傾向は益々増大する。

その三　編隊構成との関係

第五十一　編隊構成は一面警戒力の増加を目的とすることに鑑み、編隊内の各機は部隊による広大な警戒網の構成を担当するとともに、各人各機の警戒心を旺盛にし、厳に敵機の奇襲を防遏《ぼうあつ》（未然に防ぐ）することを要する。

第四款　警戒の要領

第五十二　警戒実施の要領は機種、兵力などにより差異があるが、単座戦闘機について説明すれば左のとおりである。

単座戦闘機の警戒の要領は単機と編隊とを問わず、しばしばわが進路を変換して索敵力の最も大きな正面（通常前側方）を転移して全周に対し索敵し、敵機の不在を確認した空界にわが弱点である後方を托すことを可とする。しかし任務、隊形保持などのため進路を変換することができない場合は、時々小角度の方向変換を行い、後方に対し警戒するものとする。編隊の場合においては警戒は攻撃目標発見のため行う索敵の実施にともない、自然に行われるのを通常とするが、後方および上方に対する警戒は僚機の主要な任務とする。即ち後方に対しては編隊がしばしば進路を変換しつつ行動している場合においても、編隊構成の範囲内において十分監視することを要する。編隊で長く直進する場合においては後方機の警戒は特に万全を期さなければならない。

第三章　接敵　要則

第五十三　接敵とは攻撃のため距離および高度差を短縮し、所望の攻撃開始点に至る行動をいう。接敵の要はわが企図する攻撃法にもとづき敵情特に彼我の態勢、速度、天候気象などを顧慮してその経路を適切にし、迅速に有利な攻撃開始位置に占位することにある。即ち迅速かつ確実に敵を捕捉し得ることを要する。つまり接敵の研究内容は主として接敵経路の選定要領にある。接敵経路の研究には接敵の幾何学的理論と奇襲および捕捉の見地からの戦術的着眼とを併せて考究することを要し、接敵実施にあたってはこれらの理論と着眼とを基礎とし、当時の状況に最も適応する接敵経路の選定に勉めなければならない。

第一節　接敵の理論

第五十四　接敵の幾何学的理論の研究をするためには、先ず「接敵点の軌跡」を求め、これに対し各種の考察を行うことを要する。

接敵点の軌跡を求める法（省略）、第五十五、五十六（省略）

第五十七　敵に通じる視線と進路との角度を接敵角という。

一、接敵角は理論上常に九〇度以下になる。すなわち速度同等以下の敵に対する接敵角は常に鋭角である。速度同等以上の敵に対する接敵角は、その接敵可能範囲においてて鋭鈍両角をとり得るが、迅速に接敵するためには鋭角によらなければならない。
二、接敵角は敵機の進路角と彼我の速度により決定される。
敵機の進路角および彼我の速度の関係公式（省略）
三、接敵角は距離と無関係である。
第五十八　接敵経路の保持が正しい場合の現象は左のとおりである。
一、わが機体に対する敵機の現出方は常に一定である。
二、敵の進路角は変化しない。
三、敵機の現出方向はわが真横より前方にある。
四、直距離は逐次小となる、即ち敵影は逐次大となる。
第五十九　経路の保持不正な場合の現象および修正要領は左のとおりである。
一、敵機の現出位置が逐次後方に移動すれば接敵角が過大で迂路（迂回路）を保持している結果であるから、接敵角を小さくするよう経路を修正する。
二、敵機の現出位置が逐次前方に移動すれば接敵角が過小となり、爾後後方接敵となり迂路を取る結果となるので、接敵角を増大するかまたは速度を増大することを要する。

三、これらの修正は敵機現出方向の変化に注意し、機を失せず迅速に実施することを要する。そうでなければ接敵所要時間を増大するのみならず、時として接敵不能に陥ることがある。

第六十　接敵方向は理論上左のように区分する。即ち敵機を基準とし、敵機の前方（後方）から接敵するのを前方（後方）接敵と称し、敵の真側方（敵の進路角九〇度に見える位置）から接敵するのを側方接敵と称する。

一、前方接敵はわが速度の大小にかかわらず接敵可能であり、かつ接敵所要時間が小さいのでわれの最も希求する方向である。ゆえにできる限りこの方向の接敵に勉めることを要する。しかしこの方向は敵の索敵能力も大きく、敵の進路変換によりこの接敵方向を持続することは不可能であるので、これに対する顧慮を必要とする。

二、側方接敵はわが速度が敵と同等以上の場合に可能で、接敵所要時間は前方接敵に比べて大きくなる。また敵と併進する時間が大きいので敵に発見される虞が大きいが、攻撃までに余裕があるので整斉とした動作が可能である。

三、後方接敵はわが速度が敵に優越する場合においてのみ可能であり、その接敵所要時間は他の方向に比べて著しく大となる不利があるが、実戦場裡において回避する敵を捕捉する場合には後方接敵となることが多く、後方に接敵の弱点を有する敵に対しては奇襲の功を奏することが多い。

第六十一　高度の高低は機速を増減するのみならず、上昇降下の性能は各機種により各々その極限があり、接敵に大きな影響を有する。制高の利（敵よりも高い高度に位置すること）を有する場合には降下の際速度を大きくするために接敵は著しく容易となる。しかし甚だしく大きな高度差を有する場合は急降下の速度により制限を受け、接敵経路は直線とならず、階段的となるものがある。低位より行う接敵は連続最大上昇角と高度差との関係により異なるが、一般に速度を減少し、接敵困難となることが少なくない。

第二節　接敵実施の着眼

第六十二　接敵実施にあたりその経路の選定は接敵開始時における敵のわれに対する認否如何によって差異を生じるものである。敵がわれを認知していることが確実な場合においては、専ら敵の捕捉を迅速確実に行うことを主眼としその経路を決定することを要する。このため全般の状況より爾後における敵の行動を予察し、その進路を扼《やく》し（封じる）かつ関係位置特に高度差を保持し、速度の優越をもって速やかにその企図を達成するよう決定するものとする。

敵がわれを認知していない場合および認否不明の場合においては極力奇襲できるように経路を選定しなければならない。しかし奇襲は結果から見た事項であり、敵に発見されたときは奇襲は成立しないので、たとえ敵に発見された場合にあってもなお有利な態勢により攻撃を実施できるよう顧慮することが緊要である。このため敵機の任務および行動を判断し、その注意力の虚に乗じ天候気象、背景および視死角などを利用し、敵からの発見を困難にするとともに、その経過を迅速にし、かつ敵の脱逸を制し得るよう選定することを要する。

第六十三　戦術的接敵実施に重要な関係を持つ素因につき考察すれば左のようである。

一、任務

任務は決心の基礎であり、接敵は決心にもとづく処置の第一歩である。したがって接敵の時機、方向および場所は任務を基礎とする決心によって左右されるものである。例えば掩護の任務にある戦闘機は自ら行動空域に制限を受け、消極的手段で満足しなければならなくなる。またたとえ遠距離に敵を発見した場合においても被掩護機より遠く離隔して接敵することはできない。

地上庇掩《ひえん》（戦闘隊を在空させ、敵に対し地上兵団の企図および行動を秘匿または掩護させる）の任務を有する場合にあっては掩護の場合に比べて行動の自由を有するが、なお行動空域に制限があるので、空域外の敵に対しては接敵上制限を受ける。また防空的任務を有する場合は防御物の付近にある敵爆撃機などに対する接敵はむしろ拙速を尊《たっと》ぶ。

純然たる敵機撃滅の任務をもって行動する場合は一般に接敵動作は自由で、何れの時機、方向、空域の敵に対しても自由に戦術的接敵を実行することができる。

二、敵情

攻撃目標の機種、型式、兵力により有利な接敵点（攻撃開始位置）および攻撃方向に差異があるのみならず、敵の任務行動により接敵経路を異にする。

接敵点の選定は敵情に応じ爾後の攻撃のため有利な機動をなし得る点であることを要し、多くの場合敵の上空あるいはその進路上に選ばれる。

攻撃目標付近にある他の敵機の関係位置もまた接敵の時機および方向の決定に関係を有する。

三、友軍の状況

近傍における友軍飛行機の在否およびその状況は接敵の実施に大きな影響を有する場合が少なくない。友軍に牽制されている敵機は奇襲できる機会が多い。また友軍の存在は敵の退避方向を限定することがある。

友軍の不利に際し赴援《ふえん》（空中において他の部隊に対し支援のため取る行動）する場合の接敵においては轍鮒《てつぷ》の急（急場の難儀）に応じ得るよう拙速を尊ばなければならない。

四、戦線との関係
彼我の戦線に対する関係位置は接敵方向決定の基礎となる場合が少なくない。

多くの場合敵の退路を扼するように、敵戦線の方向より友軍の方向に向い接敵することを有利とする。

五、彼我の態勢
わが高度が優越する場合は接敵経路に影響するところは比較的少ないが、敵戦闘機などに対しわれが低位にあるときは攻撃開始点に到達するまでに敵の妨害を受けることなく、高度の優越を占め得るよう経路を選定しなければならない。

六、天候気象
空中戦場における天候気象はあたかも地上戦闘における地形のようなもので、この利用の適否は奇襲の能否および難易に大きく関係する。太陽は晴、曇の状態によりまたは緯度および時刻による高度並びに光度の差異によりその利用価値を異にする。太陽が直射する場合は太陽方向に視線を向けることは不可能で、かつ太陽を中心とする某範囲は長く凝視することが困難である。ゆえに太陽を背にして接敵するときは敵からの発見を困難にして、奇襲成功の機会が多い。しかし太陽が直射しないときは却って反射の現象を呈し、太陽の方向が発見容易となることがあるので注意を要する。

雲は視線を遮り相互の通視を妨げるので利用の機会が多い。雲の利用はその状態により差異を生じるがあるいは雲中に行動し、あるいは雲の下際に隠現しつつ行動し、あるいは雲の反対側にあって行動するなど、この利用を適切にする着意を必要とする。雲が一面に天空を蔽うときは湿度の多少により視度に影響を呈する。即ち湿度が多いときは視度不良で敵機を見失う虞があるので、機影を発見すれば速やかに捷路（近道）を経て接敵することを可とする。雲を背景として利用する場合は雲の色と自機の色彩とを顧慮しなければ却って発見を容易にすることがある。局部的に雲間を漏れる太陽光線の帯状部分は視度不良となることがあるので、時として利用の価値がある。

風向風速は接敵間における戦線との関係位置に変化を来すことがあるので、顧慮を要することがある。

七、背景

田畑、森林、山岳、河、水面は飛行機の色彩と相関連して発見に難易を生じる。また背景の状態は季節、太陽の位置、光線の強弱により変化する。

背景の色彩が複雑な場合には一般に発見困難で、色彩が単調な場合は飛行機の塗色と近似した場合のほかは発見容易である。海面は静穏なときは発見容易であるが、波浪があるときは発見困難である。

河川、海岸、砂漠などのように砂地が連続する地点を通過する機影は明瞭に認められやすい。

雪に蔽われた背景は白色以外の機影の発見を容易にするが、残雪が斑《まだら》に点在するときは反対に利用する価値が多い。

地形が複雑なときは大型機などに対し奇襲のため下方より接敵することを有利とすることが少なくない。

八、視死界

視死界（翼、胴体などにより通視を遮られる空界）は奇襲のため使用できる有利な方向であるから、敵飛行機の視死角は平戦両時を通じ十分調査研究しておくことを要する。一般に下方視死角は奇襲のため利用できる公算が大きいが、敵に発見された際反撃を受け、あるいは逸走させる虞が大きい。

上翼を有する機種に対してはこれによる視死界の利用に勉めることを可とするが、その視死角範囲は通常小さく、かつ敵の索敵力が大きい方向であるため相当な困難をともなう。

第六十四　前項のような諸件は単一で現れるものではなく、かれこれ混然として現出し各種の状況を呈するので、接敵経路の選定を適正に行うのは一に訓練の精到によるものとする。ゆえに空中勤務者は接敵に関し常に理論的考察と戦術的着眼とを併せ研究し、もって見敵必捉の域に達することが緊要である。

第四章　空中戦闘

第一節　火力及機動

第六十五　火力は空中戦闘威力発揮のための最大要素であり、命中した弾量およびその効力により発揚されるものである。そして火力発揮の要は敵機との関係運動を予察し、主要な敵機に対し機先を制して濃密な火力を集中指向し、迅速に所望の効果を発揮することにある。このため迅速な射向の付与および変換、濃密で罅隙《かげき》（すきま）のない火網（火力を集中）の構成など、装備された火器を各々その特性に応じ活用することが緊要である。

第六十六　空中戦闘のための機動は通常火力発揚を容易にするための機動と、敵の攻撃を困難にするための機動とに区分する。火力発揚のための機動は敵をわが有効射界に現出させることを主眼として行うもので、また敵の攻撃を困難にするための機動は彼我の関係位置および敵の機動に応じその時機、方向および量を適切にし、もって敵の攻撃を混乱撞着（衝突）させるよう行うものとする。

第二節　固定火器戦闘　要旨

第六十七　固定火器戦闘は操縦と射撃とにより成立する。即ち固定火器戦闘の要は如何なる場合においても敵をわが照準視界内に導き、これに有効な射弾を送り、その致命部に命中させ、迅速に撃墜することにある。このためには態勢の如何を問わず、所望の時機に敵をわが前方威力圏内に見出し得る機動を必要とし、この機動を実施し得る操縦技量があって始めて成立するもので、背進しつつ火戦を支え得る旋回火器戦闘と根本的に違うところである。

第一款　固定火器射撃

その一　固定火器射撃の特性

第六十八　固定火器は射撃精度良好で飛行機の機動力と相まって大きな威力を発揮することができる。しかし通常銃（砲）自体の射向を変えることはできず、射撃時間を制限され、かつ多数機による集中射撃は困難である。

その二　射撃部位の選定

第六十九　空中目標に対し攻撃の目的をもって行う射撃は、搭乗者および器材に対し致命的打撃を与えることを第一義とする。このため搭乗者なかんずく操縦者を射殺することを最も有利とするので、通常の場合これを予期命中点として射撃諸元を決定する。しかし発動機、油槽なども有効な射撃部位であり、今次の事変戦争の経験から敵に火災を生じさせ撃墜した例が多い。大型機に対して特にそうである。

その三　命中密度

第七十　敵に対する射撃威力は一弾の効力と命中射弾との相乗積であり、現時のように火器の口径増大の傾向は一弾効力を益々大きくし、射撃威力の増大を招来した。空中射撃は彼我ともに高速度で運動中に実施されるものであるから、一発毎に目標位置および発射位置に変化を来し、もって射撃の諸元を刻々変化させるものである。ゆえに理論的に観察すれば集束弾の効力を期待できるものではなく、一発毎に厳密な狙撃射撃を実施し、その綜合結果として射撃部位に対し稠密《ちゅうみつ》（密集）な射弾を集中し、効果を期待できるものである。そしてその密度は搭乗員の上半身を射撃部位とする場合においては口径により異なるが、七・七ミリにおいて概ね一平方メートルに四発以上を要するもので、致命部位またはさらに大きな目標に対してはその密度をこれよりも減少するが、目的を達成し得るものである。ゆえに火器の口径および精度、致命部位の面積などにもとづき、自ら決定した命中弾の密度を顧慮し射距離、照準操作、発射弾数などを適切にすることを要する。

第七十一　各銃（砲）一発の各射距離に応じる弾丸効力（kg）は左のとおりである。

	五〇m	一〇〇m	二〇〇m	一〇〇〇m
七・七ミリ	三〇一・六	二五七・二	一七七・〇	四二・九
一二・七ミリ	一〇〇七・五	九一七・二	七三二・六	一四九・四
二〇ミリ	三八〇三・九	三三二二・九	二五九六・二	五五〇・四
三七ミリ	五六三二・二	四〇九四・一	三一五九・七	一二七六・六

摘要　七・七ミリは八九固定普通弾、一二・七ミリはホ一〇三普通弾、二〇ミリはホ三普通弾、三七ミリはホ二〇三試製榴弾

その四　携行弾数

第七十二　携行弾数は飛行機の任務特にその要求される戦闘時間にもとづき決定されるものであるが搭載重量、搭載位置などにより制限を受けるので、口径の増大にともないやむを得ずこれを減少するに至った。戦闘機に装備する七・七ミリ級の携行弾数は欧州大戦の経験にもとづき一銃概ね五〇〇発を標準としたが、今次事変の経験によれば陸軍において七四機撃墜のため一機体あたり平均二一七発、海軍において一二四機撃墜のため一機体あたり平均一五二発を使用した。何れも二銃装備であるから一銃につき約八〇ないし一〇〇発を使用した結果を示している。したがって五〇〇発で節用に勉めれば辛うじて戦闘任務に支障のない程度である。以上述べた弾数は技量の向上、火器口径の増大にともない減少することができる。

第七十三　戦闘機用固定火器の各種口径に応じる携行弾数および発射速度の現今における一般趨勢は左のとおりである。

口径	携行弾数	発射速度	全弾発射所要時間
七・七ミリ級	五〇〇～六〇〇	一〇〇〇発／分	約三〇秒
一三ミリ級	三〇〇	七〇〇発／分	約二六秒
二〇ミリ級	六〇～一〇〇	四五〇発／分	約八～一三秒

このように空中において真にその威力を発揮し得る全弾発射所要時間はわずかに

二〇ないし三〇秒で、その至短時間に如何に有効に使用できるかについては深甚の考慮を要する。即ち空中においては発射弾数の増加により所望の命中密度を期待するのは適当でなく射撃開始の距離、照準を適切かつ正確にすることによりこれを求めなければならない。空中においては弾薬の利用に関し特に深甚なる注意を必要とする。即ち弾薬の欠乏は戦闘力の喪失である。

その五　射距離

第七十四　射距離は火器の精度、弾丸の効力、存速、攻撃方向などにより決定される。即ち火器の精度良好で弾道が低伸し、また一弾の効力が強大で目標の致命部位の面積を増大し、かつ弾丸の存速が大きく目標修正量を少なくできるにしたがい、射距離を大きくすることができるものである。しかし現用の照準具では如何にこれらの事項を満足させたとしても某限度を超えることは不可能である。何れの火器にあっても射距離を短縮するにしたがいその効力は幾何級数的に増加するもので、状況が許す限り近距離射撃を企図するのは携行弾数と相まって極めて重要であるが、画期的照準具の発明により遠距離射撃によりよくこの目的を達成できることは明瞭な事項であり、火器の進歩にともないさらに照準具の飛躍的進歩を図らなければならない。

その六　装備火器の数

第七十五　単座戦闘機における装備火器の数は飛行機に要求する任務、機動性、火器の口径、発射速度などにより決定される。単座戦闘機の火器数増加は至短時間における発射弾数の増大と射弾による目標捕捉率の増大および故障に対する顧慮を目的とする。

第七十六　至短時間における発射弾数の増大は射距離が短小であることと射撃好機が瞬間的であることにより要求されるもので、このためには発射速度および装備銃砲数の増加を必要とする。そして発射速度は技術的に制限を受けるので自然に銃数の増加が要求されることになる。しかし銃数の増加は直ちに機動性の低下、装備部位の狭小などに関係するので必要の最小限度に止めなければならず、口径増大に関しても携行弾数、初速、発射速度の低下および重量の増大は直ちに装備火器数と関係を有することを顧慮しなければならない。現今においては一般に一三ミリ級二門、二〇ミリ級二門を装備し、さらにそれ以上の火器を装備する趨勢にある。

第二款　突進

その一　突進の本質

第七十七　固定火器により戦闘射撃を実施するためには目標に向い突進し、この間射撃のために必要な姿勢を付与し、照準を完了し、爾後これを持続しつつ発射し、所望の効果を収め、目標に衝突する前に離れなければならない。突進の経過およびこれにともなう操作の要領と難易は攻撃方向および自機の速度の適否、敵機の性能などにより差異がある。

その二　突進の要件

第七十八　攻撃のための突進は飛行機に必要な姿勢を与え、これを落着かせて射撃諸元を判定して照準し、かつ所望弾数を発射して離隔するために要する経過長を要する。そしてこの長短は攻撃方向および彼我の速度によるのみならず、操縦者の熟否に関係するところが大きい。そしてどの方向からの突進であっても発射に至るまでの諸準備の操作はできるだけ迅速であることを要し、遅くとも二秒内外で完了し得るに至らなければ実用上支障を来すものとする。

第七十九　突進はその経過中に諸操作の余裕を要するが、これを過度に遠距離より実施するときは経過時間が大きいために過早にわが企図を暴露するだけでなく、警戒力を欠きかつ敵に対応策を取らせ、また過早に高度差あるいは速度を失い爾後の機動力を著しく減少するのみならず、時として突進不能に陥ることがある。

第八十　突進開始時および突進間の速度は突進方向により大きな差異があるが、その適否は突進の能否および難易に関係するところが大きいので、方向に応じ適確な速度を保有することが緊要である。

その三　突進の要領

第八十一　突進は目標を確実に捕捉し、これに有効射弾を送り、所望の射撃効果を収め得るように実施しなければならない。このために敵の企図および機動などを看破し、これに対応できるよう突進開始点を判定し、迅速にこれを占位し、円滑柔軟かつ力強い跳切り《とびき》（急降下のときに高度を一気に下げる操作）の初動により突進を開始し、爾後迅速果敢に目標に肉薄し、この間一撃必中の射撃を実施した後、高速で敵との離隔を図るものとする。

第八十二　突進は敵機を中心とする球面上どの方向からも実施できるが、その代表的方向について突進経過図により研究することを要する。突進経過図は実際と多少の差異はあるが、概ね経過の基準を知得することができ、利用価値が大きい。

第八十三　突進開始点は目標速度の増大にともない目標の行進方向に移動し、自速の増大にともない目標との直距離を大きくする。

第八十四　突進方向の選定にあたってはわが射撃効力を発揚でき、かつ敵の弱点に乗じることを主眼とするが、攻撃開始位置によりその方向を限定される場合がある。突進方向の特性および利害についてその大要を述べれば左のとおりである。

一、後上方突進

制高の利を有する場合は攻撃開始点の位置に関係なく実施できるのみならず、自機の速度の大小が攻撃の能否に関係することが少なく、かつ近接するにしたがい目標移動の角速度（単位時間あたりの航空機が前後左右または機体を軸に回転する速度）が小さくなり、併進する関係上至近距離に近接して相当の射撃時間を有し、射撃操作は容易で射撃効果を発揚できる方向である。機軸（飛行機の機首から尾翼までを通る前後軸）に一致する場合において特にそうである。さらに高度および速度の優勢を有するので爾後の機動が容易な利がある。しかし現時のように搭乗者の後方に防楯を装備するもの、あるいは復座機などにあっては最も有利な敵の射界であることなどを顧慮しなければならない。

二、後下方突進

攻撃開始位置にかかわらず実施できる方向で、有効な射距離を保持できる場合は後上方突進と同等あるいはそれ以上の射撃効力を発揚できる。しかし関係位置および彼我の速度により射距離内に達しないことがある。なお多座機以外の機種に対しては敵の視死界特に射死界（翼、胴体、その他の原因により射撃不能の空界）を利用できる公算が大きいが、速度が逓減すると制高の利を持たないために敵の反撃に対し危険である。

三、前上方突進

前上方に突進開始点を得た場合にのみ実施し得る突進で、攻撃開始点の制限を受けるがわが速度の影響を受けることなく、攻撃経過は神速で敵火に暴露する時間が小さい利がある。しかし至近距離における射撃時間が短く、射撃操作が比較的困難である。

四、前下方突進

前方に攻撃開始点を選定し得た場合にのみ実施し得る突進で、概して前上方突進に似た利点を有し、射撃時間がやや長いのを通常とするが、敵の反撃の危険が大きい不利がある。しかしこの方向は敵の視死界に乗じ得る公算が大きい。

五、側方突進

敵の迅速な行動間にあっては如何なる方向から突進を企図しても側方突進の傾向を有するもので、実用の機会が大きい。利害はその方向が前後上下に偏する程度により前項の利点を有するほか、一般に敵の機軸を外した突進であるため照準特にその持続のために行う操作は目標の移動角速度（飛行中に機首の方向や機体の傾きが変化する速度）が大きいため困難となるのみならず、視死界および射死界を利用し得る公算は小さい。しかし主翼および多座機の発動機架死角（エンジンの配置により視界が遮られる領域）を利用して前側方突進を有利とする場合が少なくない。

六、直上方突進

攻撃開始点がその能否を決するもので、敵の機動にかかわらず対応することができる。かつその経過が神速な利があるが、機体の設計強度上その運動を不可能とする場合があるのみならず、射撃時間が僅少で効力の発揚が困難である。時として過速（許容速度を超えた危険な状態）に陥り照準および離脱を困難にすることがある。

第三款　固定火器戦闘の要件

第八十五　固定火器による戦闘は機動能力を基礎として実施されるものである。そして機動能力を左右する要件は飛行機の性能、高度差、操縦者の技能である。

一、飛行機の性能

飛行機の性能とは上昇、降下、旋回および速度などの能力をいうが、技術上これらの能力を悉く優越させることは困難で、どれかに重点を置いて飛行機に課せられた任務を遂行しなければならない。戦闘機としては敵の如何なる機種よりも速度および上昇力に優越していることが絶対的に必要である。そして重点能力を優越させるために他の能力をどの程度に満足させるべきかは大きな研究課題である。

二、制高の利

制高の利は即ち位置のエネルギーを運動のエネルギーに変えることにより、速度を大きくし機動能力を増大するとともに、防御的戦闘法をとることができない固定火器による戦闘には特に大きな価値を有する。また攻撃方向選定の範囲であるから戦闘を自己の意志で主宰することができる。

三、操縦者の技能

固定火器戦闘に任じる者の戦闘技能は絶対的で、搭乗機を駆って全能力を発揮し、神速に彼我関係位置の変化に応じ好機を看破し、機を失せずこれに乗じ得る機眼(好機を読む能力)と操縦技量および一弾よく敵の死命を制し得る射撃技量とはよく多少の性能不良を補い、もって凡庸な操縦者が操縦する性能優秀機に対し勝を制することができる。

第三節　旋回火器戦闘　要旨

第八十六　固定火器による戦闘が純然たる攻勢戦闘であるのに比べて、旋回火器による戦闘は特殊の場合を除き自己防衛を目的とする守勢戦闘であることが多い。しかし敵と火器により相見《まみ》える戦闘間の行動も常に受動的に陥るものと専断するのは大きな謬見《びゅうけん》（あやまった見解）であり、一度戦闘を交えれば自主積極攻勢をもって行動することにより、始めて自己防衛の目的を達し得るのである。

第一款　旋回火器による射撃

その一　旋回火器射撃の特性

第八十七　旋回火器は射界広闊《こうかつ》（見渡す限り開けている）で射向の付与は迅速であり、機動力が敵に劣る場合においても簡単な機動により容易にその火力を発揮することができる。敵に対する火力の集中が容易であるから、敵戦闘機に対してはこれにより火力の優越を期することを要する。しかし目標の移動にともなう修正が複雑で、射撃精度は固定火器に劣るのを通常とする。

その二　射界

第八十八　旋回火器戦闘に最も関係を有するのは射界である。すなわち自己の装備火器は装備位置、銃（砲）架などの関係から射撃できない射死界が存在するのを免れることはできず、これが旋回火器装備機の弱点であった。ゆえに旋回火器による戦闘は如何にしてこの射死界の減少を図るかにあり、かつその機動は如何にして敵をわが火器の有効射界に現出させるかにより律せられるものである。

射死界消滅のため拠《よ》ることができる手段は概ね左のとおりである。

一、火器の配置を適切にする。

二、機動により敵機を射界に現出させる。

三、編隊側方火網による。

その三　射撃火網の構成

第八十九　旋回火器が固定火器より有利なのは射界内における射向の変換が自在で、火網の構成が可能であることである。即ち多座機編隊など旋回火器のみにより空中戦闘に任じる場合においては、各火器の射向の選定を適切にして濃密な火網を構成し、所望敵機にその火力を集中指向して火力の優越により敵機の撃墜を図り、あるいは編隊相互の側防により共通射死界（編隊内のどの飛行機からも射撃できない射死界）を消滅して、敵の近接を妨害するなど遺憾なく旋回火器の威力を発揚することが緊要である。

その四　射距離

第九十　旋回火器の射撃は固定火器に比べて射撃開始の距離が遠いことを通常とする。即ち旋回火器においては敵機を撃墜することが最良であるが、敵機に対し損傷を与えその攻撃意図を放棄させることにより、その目的を達し得る場合が少なくない。ゆえに目標の射撃部位は固定火器より増大させることができ、また固定火器のように自己の意志のまま戦闘を遂行することはできないので、戦闘を可及的（できるだけ）遠距離に支えることを要するものである。

第二款　旋回火器戦闘の要領

第九十一　旋回火器による戦闘の要領は左記のように大別することができる。

一、機動による戦闘
　軽快な機動により敵を射界に現出させつつ行う戦闘で、通常旋回性能に優れた単機が実施する戦闘である。この戦闘法は同方側、交互旋回などによるが、射手は旋回のため慣性（物体が運動しているときは等速直線運動を続けようとする性質）の影響を大きく受ける。

二、速度による旋回
　速度の増加により敵機を後方射界に現出させ、かつこれと速やかに離隔を企図する戦闘法である。高速度の複多座機において実施することが多い。

三、編隊による戦闘

編隊火網の構成により速度の大小にかかわらず実施し得る戦闘法で、各射死界を編隊内の側方火力あるいは編隊相互の側防火力により消滅させるものである。

第五章　編隊

第一節　編隊の価値

第九十二　編隊構成の動機は警戒力の増強にあったが、爾後攻撃力増強の目的により機数を増加し、遂に現今の編隊、編隊群となった。編隊構成を理論的に考察すれば編隊員相互の目視連絡による索敵警戒力の増強にあり、これをさらに空中戦闘の見地から考察すれば編隊長の攻撃力を最高度に発揮させるため、索敵とくに警戒力を僚機で補うことにある。そして大部隊においては部隊の柔軟な戦闘機動の発揮により、戦力の集散統合発揮と敵の索敵に対する部隊の掩護に対する考慮を十分にしなければならない。

第九十三　編隊相互の目視連絡は編隊構成の基礎をなすものである。目視連絡が周密でないときは戦闘に際し編隊長はその決心を適時部下に示すことができないだけでなく、機動の掣肘《せいちゅう》（行動を妨げる）を受けるに至るであろう。即ち編隊員相互の目視連絡の限界はまた編隊構成の限界ということができる。そして編隊構成の基礎が目視連絡にあるので、編隊員は相互にその視界内に位置することを要するものであり、編隊構成の可能界は固有飛行機の視界により変化するものとする。

第二節　各種隊形の特性

第九十四　編隊の隊形はその使用の目的により雁行、縦長、梯形、菱形などを採用する。その利害得失を述べれば左のようである。

一、雁行隊形

編隊あるいは編隊群の隊形を雁行《がんこう》形に開くもので、左右に対する目視の連絡は容易だが、隊形保持並びに行進方向の変換はやや困難である。しかし機に応じる機動により敵の包囲集中攻撃に適するので、戦闘隊形としては本隊形を採用することが多い。

二、縦長隊形

編隊あるいは編隊群の隊形を配置するもので、前方に対し後方の跟随《こんずい》（追随）は容易だが、距離を短縮すると渦流《かりゅう》（翼の先端で発生する渦）に煽られ、延伸すると連繋を失いやすい。したがって本隊形は天候、気象、地形などの関係で部隊の雁行隊形の通過を許さない場合など主として航法、夜間飛行に採用される。戦闘にあたり本隊形において敵に遭遇すれば前方部隊の戦闘に後方部隊が適宜戦闘に加入することはできず、また後方より逐次敵のため蚕食《さんしょく》（端からだんだんと侵していくこと）される虞がある。

三、梯形隊形

左または右に梯形《ていけい》を形成するもので、一方面に対する索敵警戒が容易で小部隊にあっては指揮掌握および跟随容易であるので哨戒行動、夜間、悪天候および着陸の際などに多く採用される。しかし後方および一翼方面より敵に蚕食および奇襲されやすいので、注意を要する。

四、菱形隊形

編隊または編隊群の隊形を菱形に配置するもので、部隊の団結鞏固《きょうこ》（きつく締まって固い）で前後左右の連携が容易なので、爆撃機などの火網構成に用いられることがある。しかし編隊長が撃墜されると編隊の団結保持が困難となるのみならず、編隊長機および後方機を同時に攻撃される虞があるので注意を要する。

戦術教程（航空篇）（抜粋）

昭和十九年八月改訂　生徒用　陸軍航空士官学校　秘第三八号

本書により戦術を修習すべし

陸軍航空士官学校長男爵　徳川好敏

兵語の解

航空最高指揮官、航空高級指揮官　航空最高指揮官とは独立航空軍司令官など作戦地における航空部隊の最高級の指揮官をいい、航空高級指揮官とは一般に航空軍司令官および飛行師団長並びにこれに準じる指揮官をいう。

航空部隊　飛行部隊、地上勤務部隊など各分科部隊を総称する。

飛行部隊　飛行団、飛行戦（中）隊など空中勤務に任じる部隊をいう。本飛行部隊中には整備隊（班）を包含するものとする。

地上勤務部隊　航空地区部隊、航空情報部隊、航空通信部隊、航測部隊、保安部隊、気象部隊など地上勤務に任じる部隊を総称する。

航空地区部隊　通常航空地区司令部および飛行場大（中）隊などをいい、状況により野戦飛行場設定部隊をも含むことがある。

飛行場設定部隊　野戦飛行場設定司令部、野戦飛行場設定隊などをいう。

航空情報機関　航空の情報勤務に任じる各種機関を総称し、主として航空情報部隊などをいう。航空情報部隊には電波警戒に任じる部隊を有するものとする。

防空機関、防空部隊、地上防空部隊　防空機関とは軍民を問わず防空に任じる各種機関を総称し、防空部隊は防空飛行部隊および地上防空部隊をいい、地上防空部隊とは高射砲部隊、照空部隊、高射機関砲部隊などをいう。

野戦航空補給修理機関、整備部隊　野戦航空補給修理機関とは航空部隊の補給および修理に任じる各種機関を総称し、主として航空廠、野戦航空修理廠、野戦航空補給廠、船舶航空廠などをいう。野戦航空修理廠関係の整備部隊（移動整備部隊）とは主として野戦航空修理廠の配置（派遣）する独立整備隊（移動修理班）をいう。

地上兵団　方面軍、軍、師団などをいう。

作戦地域、作戦を準備すべき地域　作戦地域とは飛行師団以上の航空部隊が作戦を担任する地域をいう。作戦を準備すべき地域とは兵団に随時戦力を指向し得るよう準備させ、または将来この地域中の一部もしくは主力を作戦地域として配当する予想のもとに、戦闘を準備させる地域をいう。

展開地域　航空軍または飛行師団の展開する地域をいい、この展開地域内における警戒、戦闘などに関しては作戦地域と同様の意義を有する。

戦闘区域、戦闘空域　戦闘区域とは飛行団に戦闘および警戒を担任させる区域（空域および地域）をいい、戦闘空域とは要地防空などにおいて飛行部隊、地上防空部隊などの戦闘する空域をいう。

追尾捜索、追尾攻撃　追尾捜索とは敵の帰還に追尾してその状況を捜索することをいい、追尾攻撃とは同様にその着陸時の弱点に乗じて攻撃することをいう。

航空撃滅戦　航空撃滅戦とは制空権を獲得する目的で敵航空部隊、航空施設、航空資源などを目標とし、敵航空勢力を圧倒撃滅する戦闘をいう。

地上作戦協力　地上兵団の作戦（戦闘）遂行を容易にする目的で敵の航空戦力、地上軍隊などに対しわが航空の威力を加える戦闘をいう。地上作戦協力において航空部隊の担任する任務を一般任務および直協任務に大別する。

航空戦闘威力、航空戦力、航空勢力、攻撃威力、空中戦闘威力　爆撃、射撃など飛行部隊が直接敵に与える威力を航空戦闘威力といい、航空戦闘威力に飛行部隊の機動力および地上勤務部隊の整備力などを合せたものを航空戦力といい、航空戦力に航空施設および航空用資材を合せたものを航空勢力という。攻撃威力とは戦闘威力中特に対地攻撃の威力をいい、空中戦闘威力とは主として戦闘隊の空中における戦闘威力をいう。

戦闘指導方策 戦闘準備および戦闘遂行の準拠とするため航空軍、状況により飛行師団などにおいて所要の諸件を企画したものをいう。航空方面軍がある場合航空軍以下においてはその担任する作戦任務は航空撃滅戦、地上作戦協力、上陸防御作戦協力など比較的短期でしかも単純であるから戦闘実施に任じることを主とし、地上の軍などのように長期にわたる会戦指導方策のようなものを策定する必要はないという見解である。ただし開戦当初に策定する戦闘指導方策には付与される作戦任務に応じ、単に劈頭《へきとう》（最初）の撃滅戦指導のみならず爾後相当の期間にわたる戦闘指導の準拠とするようやや会戦指導方策に近いものを策定する必要がある。またこれを可能としなければならない。

進攻、邀撃 進攻とは敵地に進出して飛行部隊独特の戦闘力を発揮する戦闘をいい、邀撃《ようげき》とは敵の来襲をわが準備した空域に邀《むか》えてこれを撃滅する戦闘をいう。

航空攻勢、航空威力圏 航空攻勢とは航空部隊または空軍による攻勢作戦で、地上作戦などと同時にまたは別箇に開始されるものをいう。航空威力圏とは航空戦闘威力の及ぶ範囲で、主として航空基地の配置および航空機の性能にもとづき構成される。

対空監視、電波警戒、哨戒、敵情監視　対空監視とは対空監視哨など目視により敵機を監視することをいい、電波警戒とは電波警戒機により敵機を索出警戒することをいい、哨戒とは某空域を遊弋してその空域または海域を監視することをいい、敵情監視とは対空監視、電波警戒、哨戒、空中監視などを総称する。

通信攻勢、通信防衛、通信戦　通信攻勢とは無線諜報、窃信、妨害、偽信、陽信、通信施設の破壊など敵の通信に対する積極的対敵行為の総称で、通信防衛とは敵の通信攻勢に対しわが通信の疎通および安全を図ることをいう。通信戦とは通信攻勢および通信防衛を総称する。

通信管制、電波管制　通信管制とは通信諸元の配当および変更、通信系の構成、通信法、電波管制などにより通信系、通信量、通信所位置などを秘匿することをいい、電波管制とは通信時機、通信時間および電波勢力の制限などにより電波の輻射を統制制限することをいう。

集中、集中地、集中地域　集中とは所望時機に所要の航空兵力を新作戦正面に機動することをいい、集中地とは集中する航空部隊を展開に先だち戦闘準備、企図秘匿などのため某期間集結させる地域をいい、集中地域とは集中にあたり行動する地域をいう。

航空基地　航空基地とは交通および通信施設をもって有機的に結合し、所要の防空部隊を配置した飛行場群をいい、航空基地にはこれを使用する飛行部隊およびこれに配置された防空部隊の活動に必要な通信、情報、気象などの機関を配置し、かつ警備、掩護、休宿などの施設を整え、所要資材を集積準備し、航空部隊作戦行動の根拠としての機能を持たせることを要する。もしこれらの要素を欠き右の機能が完全でないときは真の航空基地ではない。

航空基地の規模の大小は作戦地および作戦の特性に応じ、作戦指導の方針にもとづき決定され、一飛行団（小航空基地）ないし数飛行団（大航空基地）の使用に適するよう構成し、これに応じる地上勤務部隊を配置するものとする。

航路、航空路　航路とは飛行部隊の飛行経路をいい、航空路とは飛行部隊の行動を容易にするため航法施設を完備する常用の航路をいう。

航進空域、哨戒空域、行動空域　航進空域とは高度および方向上における航進のための区域をいう。哨戒空域とは哨戒に任じる飛行機が哨戒する区域をいう。行動空域とは監視などに任じる飛行機が行動する区域をいう。

波状攻撃　某地域または某目標に対し数次にわたり連続して攻撃することをいう。

展開基地、発進基地　展開基地とは空中挺進部隊の作戦を準備する航空基地（飛行場）をいう。発進基地とは遠距離挺進を可能にし、または挺進距離を短縮して数次挺進を容易にするため展開基地以外に配当する一層敵に近い航空基地（飛行場）をいう。

跳下部隊、滑空着陸部隊、空輸着陸部隊　跳下部隊とは落下傘で跳び下りる部隊をいう。滑空着陸部隊とは滑空機により空輸着陸する部隊をいう。空輸着陸部隊とは輸送機などにより空輸着陸する部隊をいう。

保安、航空路保安、保安情報　保安とは航測勤務、気象情報の通報、通信連絡などにより飛行部隊の航進を容易にすることをいい、航空路保安とは航空路を利用する飛行部隊のための保安をいう。保安情報とは気象、飛行場の状況など保安に関する各種情報をいう。

無線標識、方向探知、航空路標識、着陸施設　無線標識とは主として無線灯台（航空機が地上からの誘導や位置確認を行うために無線信号を発する様々な装置）をいい、方向探知とは航測による位置または位置線の決定をいう。航空路標識とは主として航空灯台（航空機が夜間や悪天候時に視認できるよう光を発する施設）および飛行場の昼夜間の標識をいい、着陸施設とは盲目着陸（視界不良時に行う計器着陸）のための無線標識または夜間着陸のための照明装置をいう。

爆撃航路 爆撃のため機首指向より投下までの経路をいう。

大、中、小型爆弾 大型爆弾とは二五〇キロ以上、中型爆弾とは五〇キロ以上二五〇キロ未満、小型爆弾とは五〇キロ未満をいう。

第一篇　総説　要旨

航空戦力の消長（盛衰）は作戦の成否を決し戦局の帰趨を定める。

航空兵の本領は作戦の終始を通じ偉大なる機動力と独特の戦闘威力とを最高度に発揮し、制空権を獲得して全軍戦捷の根基を確立することにある。

航空兵は剛胆にして周到、慧便にして沈着、機に臨みよく果敢断行し強靭不屈、その本領を完《まっと》うしなければならない。

第一章　戦争、作戦と航空

第一節　現代戦争と航空の地位

一、現代戦争

戦争は国家がその国是を貫徹するためこれを妨害する他国に対し行う武力抗争に

して、この遂行にあたっては国家の総力を挙げ、あらゆる手段を尽くしてその目的達成に邁進すべきものなり。而して現代における戦争はその規模広大にしてこれが遂行の方法また複雑となりたるのみならず、その期間益々長期にわたる傾向を帯びるに至れるをもって、戦争の目的を達成せんがためには特に必勝の方略を確立するとともに、敵を制しその意志を屈服せしむべき方略の行使を必要とす。

国民戦意の昂揚特に必勝の信念の堅持、長期にわたる戦争圏の設定並びに之が防衛、戦争圏よりの戦力生成などに勉むるは必勝の方略確立上不可欠の要素にして、武力戦により敵武力を撃滅するとともにその国力を破壊し、あるいは外交、経済、思想などの分野にわたる積極的手段とともに敵の疲弊孤立策を講ずるは敵を制し、その意志を屈服せしむべき方略に属す。（原文のまま）

二、戦争における航空の地位

近時航空兵器の顕著な進歩並びにその量の急激な増加は通信、電波兵器、航空基地などの飛躍的発達と相まって航空大兵力の運用を容易にするに至り、戦争における航空の地位はいよいよ向上し、今や航空を中核とする戦争の時代を招来した。即ち彼我ともに航空をもって戦争の終始にわたり敵国力なかんずくその生産力、交通力、政治経済の中枢などを破壊して、その戦争遂行力を燼滅《じんめつ》（ほろぼす）し、敵国人民の戦意を動揺喪失させることにより、直接戦争目的を達成することが可能となり、戦場の立体化および全面化は海洋作戦と大陸作戦との何れかを問わず、航空を措《お》いては作戦の遂行は極めて困難となり、作戦に際しては常にわが航空による敵航空に対する作戦を考慮することを要するに至り、戦争の様相は従来に比べて全くその趣を異にした。これに加えて広大な戦争圏の防衛、戦争圏よりの戦力生成のための物資輸送掩護など必勝の方略確立のためにも航空の活動を絶対不可欠とし、今や航空戦力の消長は直ちに戦争全局の趨向（流れ）に重大な影響を及ぼし、戦争の勝敗をも左右するようになった。

第二節　作戦における航空勢力の地位

一、現代作戦の特性

戦争において武力（陸上、海上、航空）は敵武力の撃滅あるいは敵国力の破壊などを目的として活動する。そして長期にわたるこれらの活動を作戦という。

現代作戦においては陸上、海上および航空の三武力に各々長短相補い互いに協力させ、その綜合戦力を発揚して速やかに作戦目的の達成を図るよう運用することを要する。そして現代における作戦はその規模が広大で、作戦軍の兵力は厖大となり、物的戦力の価値はいよいよ向上したので、作戦遂行のためには作戦根拠と作戦軍を繋ぐ連絡線の確保を絶対必要とし、軍の集中または機動にあたっては各種交通機関に依存して始めて完全を期すことが可能となり、軍の組織を維持するためには厖大な通信機関の活動を必要とする。

二、作戦における航空の地位

航空戦力は卓越した機動力と独特の威力とを有し、敵航空勢力、陸（海）上武力、背後連絡線、戦略上の要地などに対し随時随所に圧倒的威力を加え、戦場の全深を制し得るので、作戦遂行にあたって航空戦力は常に先ずこれを挙げて敵航空勢力の撃滅に任じ、わが航空活動の自由を獲得（制空権の獲得という）することを要する。このような航空戦力の重要性に鑑み、敵もまた制空権の獲得に必死の努力を傾倒するるので、制空権獲得を目的とする航空戦闘（航空撃滅戦という）の様相はいよいよ凄愴苛烈の度を加え、軍事の進運（進歩）なかんずく電波兵器などの長足な発達は益々その指導を複雑困難としつつあるが、現戦争の教訓は制空権獲得の成否が地上（海上）作戦遂行の根基をなし、作戦の成否を左右するものであることを如実に実証した。

したがって彼我ともに全能を尽くして敵航空勢力を凌駕し、制空権獲得の目的を貫徹することを要し、今や作戦は航空撃滅戦を主軸とし航空勢力を主体とする様相にまで進展し、ここに航空勢力は作戦において絶対的地位を有するに至った。

第三節　航空将兵の責務

戦争および作戦における航空の地位はいよいよ重大となり、今やその様相は「制空権の獲得即ち戦争目的達成」の域にまで進展しようとする趨勢を示し、航空作戦の成否は武力戦延《ひ》いては国家の運命をも左右し、国家国軍の航空部隊の精強に期待するところが極めて大きくなった。

ゆえに航空部隊将兵は戦局の趨向と軍事の進運を達観（見通す）し、自己の責務が重大であることを自覚し、居常《きょじょう》（つねに）修養研鑽特に航空兵必須の精神要素の涵養（養い育てる）に勉め、いよいよ謙虚自省益々訓練の精到を重ね指揮統帥、戦法、戦技などにおいて常に敵に優越を期し、百戦百勝をもって負託の重さに応えなければならない。

第二章　戦闘における航空戦力の特質　要旨

航空戦力の主体は飛行部隊により発揮される偉大な機動力と独特の戦闘威力を綜合

したもので、この戦力は現代科学と地上における諸施設、資材、各種機関などを基礎として活動する。立体的で遠大な地域にわたるその機動力は航空戦力の生命でありかつその骨幹である。ゆえに航空部隊将兵は空中勤務者と地上勤務者とを問わず、航空戦力の特質を適確に把握し、各々その職域に応じ戦力を培養充実し、運用の至妙《しみょう》（絶妙）を尽くすことにより航空戦力の真髄発揮に遺憾のないようにしなければならない。

第一節　航空戦力の本質

一、攻勢戦力
航空戦闘威力は卓越した攻撃戦力であるが防御には不適当である。殊に空中における行動は精神的影響を受けることが甚大で、攻防の心理的特質は最も著明に現れ、かつ攻者は防者に対し随時所望の方面に兵力の優勢を占めることができる。即ち航空戦力は攻勢によってのみ最もよくその威力を発揮できるものである。

二、精神力の影響性
航空戦力は兵器性能の優越に負うところが大きいが、その根本は厳として将兵の精神力にあり、即ち航空戦力活動の部面は空中であり、空中における行動にあっては気象の障害はしばしば積極的任務の遂行を遮り、また戦闘の帰結は深刻峻烈で一瞬の躊躇停滞はない。この間に処してよく各種困難な任務を達成し得るものは主として熾烈な責任観念、強烈な闘志および強靭不屈の精神要素である。精神が充溢するところあるいは身をもってする敵の粉砕となり、あるいは敵中着陸攻撃となり、物的兵器の性能を超越した神力を発揮するようになるものである。

三、兵器、器材の影響性

航空戦力は兵器、器材の性能なかんずく飛行機の性能と密接不可分の関係にある。そして航空用兵器器材は現代における科学の粋を集め、兵器は戦法の創意と科学の発達により、戦法は兵器性能の向上と新式兵器の出現により常に進歩向上を続け、その止まるところを知らない。ゆえに航空戦力は科学的知識と科学的に事を処する態度とをもって装備兵器の性能を最大限に発揮し、常に兵器性能の改善向上と戦法の創意とに勉めることにより始めてその真価を発揮し、その戦力は際限なく向上する。

四、戦力の変化性

飛行部隊は本質的に脆弱性を有する。戦闘においては人員の損傷、兵器の損耗などが瞬時に多発し、戦闘行動間以外においても損耗を生じやすく、その量的戦力を急激に変化させるのみならず、兵器の進歩発達、新機種の改編などは質的戦力をも常に変化させる。

五、戦力発揮の間歇性

飛行部隊はその在地間にあっては戦力を発揮できないのみならず、飛行場と攻撃目標との距離による時間的関係、出動準備に要する時間、兵器器材の疲労衰損にともなう整備補給の必要などは、戦力の発揮を自ら間歇的《かんけつてき》（一定の時間をおいておこったりやんだりする）にする。したがってその状態は波状の曲線を描くが、量の優勢により一定程度この欠を補うことができるものである。

六、天候気象などの交感性

空中における行動は天候、気象、明暗の度、高度などの交感（影響）を大きく受け、飛行部隊特に大きな部隊の行動においてはこれら諸要素を度外視することはできない。近時科学の進歩にともない悪天候の克服利用が容易になったが、本質的には依然天候気象などの影響を受けるものである。

第二節　運用上の特性

一、指揮官

指揮官は指揮の中枢であり、また団結の核心である。なかんずく航空部隊にあってはその戦力の特質上指揮官の素質並びに識能特に精神的要素が戦力に影響するところが極めて大きい。ゆえに航空部隊指揮官は常に準備を先前（先々）に及ぼし、戦闘にあたっては明断果決（明快にすばやく判断する）よく躍動する戦機を看破する慧眼《けいがん》（物事の本質を見抜く力）を備えて難局に処し、率先陣頭に挺身し、強靭不屈積極溌溂とした指揮統帥により、部隊戦力の数倍的発揮に勉めなければならない。

二、地上における諸準備の完整

航空戦力はその本質上地上における厖大かつ組織的諸準備の完整を待ち、始めて偉大な威力を発揮できるものである。なかんずく航空基地（飛行場）は航空戦力の培養並びに発揮の根拠地であり通信、保安、気象、情報などの諸勤務は飛行部隊の機動力並びに統合戦力発揮の基礎である。ゆえに航空部隊の運用にあたっては常に速やかに地上における諸準備を完整することにより、如何なる場合においても飛行部隊の要求に即応させることを要する。

三、整備、補充、補給の重要性

航空戦力の本質上整備力の充実、人員なかんずく空中勤務者の補充、兵器資材の補給などは極めて重要であり、その適否は航空戦力の消長に大きく関係するのみならず、戦闘指導に影響するところが少なくない。これらの業務は主として地上勤務部隊の任じるところであるから、これら部隊は常に飛行部隊の行動を基礎とし、戦況の推移を予察し、よく航空戦力の特質を把握し、準備の周到と積極的協同の精神とをもってこの完全を期さなければならない。

四、統合戦力の発揮

航空部隊は編制の特質上各分科部隊に分れ、一般に独立性に欠けるところがあるので、飛行部隊相互並びに飛行部隊と地上勤務部隊とを協同させ、その統合戦力の発揮に勉めなければならない。そして統合戦力発揮の基礎は精神要素にある。忠君愛国の至誠より発する職責完遂の信念と決死敢行敵を撃滅しなければ止めない闘志が集まるところ空地一体、戦爆一如よく数倍的戦力の発揮を期することができる。

第三章　飛行部隊戦闘の手段　要旨

飛行部隊戦闘威力発揮の主要な手段は射撃、爆撃、雷撃、敵中着陸攻撃などとし、戦法はこれらを適切に統合運用することにより、その妙を発揮することができる。そして兵器の進歩は直ちに戦闘手段の変革を来すものであるから、戦訓に鑑み常に創意工夫をこらし、敵の意表に出る戦闘手段を案出し、訓練の精到を重ねることにより、敵を凌駕圧倒することに勉めなければならない。

第一節　空中戦闘

空中戦闘には戦闘隊などが行う攻撃戦闘および爾余（その他）の部隊が行う自衛戦闘があり、機動と射撃並びに空中爆撃により行われる。

一、空中戦闘の実相

1、戦勢の変化が急激で不期不測の戦況が随所に現出するほか、戦闘経過は極めて神速（人間わざとは思えないくらい速い）で好機は瞬時に経過し、迅速に勝敗を決するのを常とする。したがって空中戦闘は神速な決心と機敏な行動とにより、心身が自然に平時の訓練および技量をそのまま如実に発揮することを要する。

2、戦闘が開始されると適時適切な指揮連絡は困難となり、各機の適切な独断を要することが多い。また戦闘開始後は相互赴援並びに協同を適時適切に行うことは困難となることが少なくない。

3、戦闘前の比較的冷静な心理状態より一瞬にして凄惨な各種の戦況に直面し、心理状態の激変に遭遇するのを常とする。

4、空中戦闘が心身に及ぼす疲労はその戦闘時間が短小であるのに比べて極めて大きい。殊に高度が大きくなるにしたがってそうである。

5、彼我戦闘の勝敗の真相は直接眼前に展開され、志気の振否に敏感に作用する。殊に戦闘初期における成果の有無が爾後における全般の戦勢に影響するところが大きい。

6、人員、器材の衰損消耗が甚大で、しかも瞬間的にその悲惨な状況を現出する。

以上記述したところは空中戦闘の実相中主要なものであるが、当時（そのとき）における敵情、季節、天候、気象および明暗の度などにより、常にその趣を異にするものである。

二、旋回銃（砲）と固定銃（砲）の特性

旋回銃（砲）は射界が広闊で射向の付与が迅速容易であるのみならず、速力が敵に劣る場合においても簡単な機動により容易にその火力を発揮することができる。しかし目標の移動にともなう修正を必要とし、ややもすれば射撃の確実を期することができない。しかし敵に対する火力の集中が容易であるから敵戦闘機などに対してはこれにより火力の優越を期することを要する。

固定銃（砲）は射撃精度が良好で飛行機の機動力と相まって大きな威力を発揮することができる。しかし通常銃（砲）自体の射向を変えることはできない。射撃時間を制限され、また多数機による集中射撃は困難である。

三、射撃部位

敵機を撃墜するためには操縦者を射殺するのを最も有利とし油槽、発動機なども
また有効な射撃部位である。そしてその選定にあたってはわが火器の威力および敵
機の防護力などを考慮し、常にその効果を最大とすることを要する。

四、空中爆撃

空中爆撃は主として空中における敵爆撃機隊などに対する爆撃で、大きな効果を収め得ることが多く、容易に敵の隊形を混乱に陥らせ、その団結を破壊することができる。空中爆撃にあたっては攻撃の目的、敵の編組、隊形などを考慮し、波状攻撃または同時攻撃により敵部隊の主力を火網により捕捉することを要する。

第二節　爆撃及銃（砲）・撃

第一款　爆撃

爆撃は飛行機による対地（海）上目標攻撃の主要手段で殺傷、破壊、焼夷などの目的を達成することができる。爆撃の要領は機種および訓練に適応させるとともに爆撃の目的、目標の状態、彼我の空中状況、防空機関の配置、気象、地形などを考慮し、通常一挙に所望の効果を収めるよう決定する。

一、爆撃法

爆撃隊は各種高度による水平爆撃、急降下爆撃、超低空爆撃を、襲撃および戦闘隊は主として急降下爆撃または超低空爆撃を実施する。

この実施にあたっては部隊を合一あるいは分開して、所望の火網をもって目標を捕捉し、急降下爆撃などにより単機毎に精密な爆撃を実施する。急降下爆撃および超低空爆撃にあっては通常中隊以下に分開（所定の間隔を取る）して実施する。

近時目標の分開にともない精密な狙撃的爆撃を実施する必要が特に大きくなった。

二、火網構成法

爆撃火網を構成するためには指揮官は目標に応じ隊形をこれに適合させ、投下法特に投下間隔を決定することを要する。隊形の決定にあたっては射撃火網の構成に関しても考慮を必要とする。爆弾の投下は連続あるいは同時投下により全携行弾を一挙に投下することを通常とするが、状況によっては数次に区分して投下し、あるいは単発投下を復行するものとする。

三、水平爆撃の特性

水平爆撃は急降下爆撃に比べて高空においても精度良好で、大部隊により火網を構成するのに適するが、不規に分散した小目標に対しては必ずしも有効ではない。そして投下前水平等速の直線飛行をしなければならないので、敵高射火器により損害を受ける虞がある。また機に投じ爆撃要領を変更することは困難である。このため爆撃航路の短縮に勉めることを要する。

四、急降下爆撃の特性

急降下爆撃は好機に投じ直ちに爆撃を実施することができ、高射火器による損害を減少し、低空においては精度良好で侵徹力が大きい。しかし大きな火網の構成には適さない。また降下間および降下後敵戦闘機に対し弱点を生じやすく、これに対する考慮を必要とする。

第二款　銃（砲）撃

銃（砲）撃は暴露した飛行機、舟艇、車両、人馬などに対しては大きな効果を収めることができる。

一、実施要領

銃（砲）撃は複座機においては主として固定機関銃（砲）によるが、状況により旋回銃（砲）を併用し、あるいは旋回銃（砲）のみによることがある。銃（砲）撃は火網が小さくかつ射撃時間が短いので、所望の効果を収めるためには攻撃の反復を要することが少なくない。ゆえに編隊あるいは単機の軽快な行動および精確な火網により攻撃することを通常とするが、状況特に攻撃目標、地形などにより多数機の火網により目標を捕捉するよう中隊などの一斉銃（砲）撃を行うことがある。

二、爆撃と銃（砲）撃の併用

爆撃と銃（砲）撃を併用する場合はその統合威力を発揮することができる。このため攻撃にあたっては両者を重畳してその綜合戦果を求め、あるいは他の成果を拡張し、あるいはまず他の攻撃を容易にするように攻撃するものとする。

射撃は爆撃と別に、あるいは爆撃のため降下中固定銃（砲）をもって、あるいは爆撃航路上もしくは爆弾投下後旋回銃（砲）により実施するものとする。

第三節　雷撃及特殊の攻撃

一、雷撃

雷撃は洋上における艦船に対し魚雷による攻撃の手段で、その効果は偉大である。主として敵輸送船に対する攻撃に任じ、時として航空母艦などを攻撃することがある。雷撃にあたっては波頭に膚接して目標の航路前方に包囲するよう、その側方または側前（後）方より進入し、単機毎に魚雷を投下し、全速をもって離脱するものとする。

二、特殊の攻撃

飛行部隊は体当り攻撃など特殊の攻撃に任じることが多い。特殊の攻撃を実施するにあたっては特に準備を周到にし、要すれば所要の訓練を行うことが緊要である。

第二篇　航空部隊の編組、各部隊の任務並びに特性

第一章　航空軍、飛行師団並びに空中挺進部隊の編組

一、航空軍、二、飛行師団、三、戦闘飛行師団、四、遠爆飛行師団、五、防空飛行師団、六、挺進師団（挺進団）作戦綱要による

第二章　飛行部隊の種類、任務並びに特性

第一節　飛行部隊の種類

飛行部隊　任務による区分（分科飛行部隊）

偵察隊　司偵隊、軍飛行隊（軍偵中隊）

戦闘隊　近距離戦闘隊、遠距離戦闘隊

爆撃隊　軽爆隊、重爆隊、遠爆隊

襲撃隊

編制単位による区分

飛行団、戦隊、中隊

飛行部隊の種類は右のとおりであるが、近時生産の関係上同一機種を各分科部隊に装備しようとする趨勢にある。

第二節　各分科飛行部隊の任務並びに特性

第一款　戦闘隊

一、戦闘隊は独力または他分科飛行部隊と協同し、独特の戦闘威力を発揮して主として敵航空戦力の撃滅に任じる。このため自主積極的に敵地に進出し、敵を空中において捕捉撃滅するのを本旨とするが、所要に応じ邀撃により敵の進攻を破摧し、あるいは対地攻撃を敢行して在地敵機などの撃摧に任じることがある。

防空戦闘隊は要地防空の骨幹となり、偉大な邀撃戦闘威力を発揮し、来襲する敵機を捕捉撃滅して生還を許さず、敵の来襲戦意の破摧に任じるものとする。

二、戦闘機の特性

戦闘機は翼のある機関砲（銃）である。その戦闘威力は空中勤務者の旺盛な攻撃精神と百練（訓練を重ねて熟練した）の戦闘技能を基礎とし、独特の火力および戦闘性能により決定される。

1、戦闘性能について

戦闘機の性能は空中戦闘性能にある。一般に小型で大馬力発動機を有するので速度、上昇性能、旋回性能などその戦闘性能は他機種に比べて卓越し、空中において随所に敵機を捕捉し、随意の方向より突進してこれを撃滅することができる。しかし航続距離は他機種に比べて一般に短小である。

2、火力および爆撃装備について

火力としては機関砲および機関銃を有し、その命中精度、射弾の集束率などにおいて他機種の旋回銃に対し卓越するのみならず、爆撃装備をも有し地上海上における各種目標の攻撃および空中爆撃に任じることができる。

3、戦闘隊の特質

戦闘隊の特質はその空中戦闘威力にある。即ち戦闘隊は一空域に関する限り空中の覇者ということができる。殊に戦闘隊による攻撃成果は敵の飛行機と同時にこれに搭乗する人員に及ぶのを特色とする。ゆえに戦闘隊がその特質を最大に発揮できるのは敵機を空中に捕捉する場合であり、地上（海上）目標に対しては敵戦闘機の妨害を排し独力で攻撃を実施できるが、一般に破壊力が少ないのは運用上着意を要する点である。

第二款　爆撃隊

一、各種爆撃隊の任務及特性

1、重爆隊

重爆隊は独力もしくは他分科飛行部隊と協同し、偉大な航続力と爆（雷）撃威力とを発揮し、主として敵航空戦力の撃滅もしくは敵艦船、戦場後方の目標、戦（政）略上の要地などに対する攻撃に任じる。

重爆隊は携行弾量および航続距離が大きく、概ね独立した空中戦闘力を有する点に特色を有するが、軽爆隊に比べて行動に軽快を欠き、地上部隊に膚接（すぐ近く）した協同は一般に困難で、急降下爆撃の利点を欠く短所がある。

2、軽爆隊

軽爆隊は概ね重爆隊に準じて任務に服するのを通常とする。その特色は重爆隊に概ね相反し雷撃能力を欠くが、特に行動が軽快な点にある。

3、遠爆隊

遠爆隊は航続距離が遠大で爆弾量が著大であるので、その威力は特に強大である。

遠爆隊は航空高級指揮官直轄の下に敵地に深く進攻し、主として政（戦）略上の要地攻撃または背後連絡線の攻撃などに任じる。

二、爆撃隊一般の特質

爆撃隊の特質は遠大な航続距離と偉大な爆撃または雷撃力にある。爆（雷）撃力の特色は左のとおりである。

1、爆（雷）撃威力は進攻によってのみその戦力を発揮し、地上における敵飛行部隊、洋上における敵艦船あるいは諸施設資材などに対し強大な威力を及ぼすことができる。

2、爆弾量

爆（雷）撃威力発揮のため使用すべき爆弾または魚雷の量は「一機搭載量×兵力（機数）×出動回数」で、一定時間内に一定の兵力により発揮できる威力には一定の制限がある。

3、集中使用

同一目標に対し多数兵力をほぼ同時に集中して急襲することが可能である。この際における精神的並びに物質的効果は特に甚大である。

4、燃料と爆弾との互換性

燃料と搭載爆弾（魚雷）量とは相互に関係を有し、行動距離により搭載量を異にする。

5、弾種の制限

目標の種類に応じこれに適用すべき弾種を異にするが、機種により携行弾種に制限を受けるものとする。

第三款　襲撃隊

一、襲撃隊の任務

襲撃隊は他分科飛行部隊と協同しまたは独力で、対地攻撃により主として敵航空戦力または敵地上（海上）部隊の撃滅に任じる。

対地攻撃の手段は固定機関砲（銃）射撃を主とし、状況により爆撃を併用する。

二、襲撃機の特性

襲撃機は低空における操縦性能が良好であるとともに、地上（海上）目標特に飛行機、船舶、戦車などに対し威力ある攻撃を瞬時に加える口径の大きい機関砲（銃）を多数装備し、かつ地上砲火に対する防護力と空中戦における対戦闘機戦闘に応じる火力および機動力にも相当の威力を有する。このような見地から襲撃機は性能上戦闘機と爆撃機の中間的存在である。

三、襲撃隊の特質

襲撃隊の特質はその行動が軽快で威力が大きい襲撃威力にある。この運用にあたっては特に好機に乗じ急襲的効果を発揮させることを要する。

第四款　偵察隊

一、司偵隊の一般任務

司偵隊は航空高級指揮官の作戦および戦闘指導のため必要な敵航空状況の捜索に任じることを主とするが、状況により地上（海上）状況の捜索、敵情の監視などに任じることがある。

1、飛行師団司偵戦隊

飛行師団司偵戦隊は飛行師団長直轄指揮の下にその戦闘指揮のため必要な敵航空状況の捜索その他に任じることを通常とするが、状況により飛行団の戦闘に協力することがある。

2、航空軍司偵戦隊

航空軍司偵戦隊は航空軍司令官の作戦指導のため必要な敵航空状況の捜索その他

に任じるものとする。飛行師団司偵戦隊との任務の分界（境界）は航空軍司令官より命令されるのを通常とするが、特に相互の連携を緊密にすることを要する。

二、軍偵中隊の任務

軍偵中隊は方面軍司令官または軍司令官の作戦および戦闘指導並びに地上第一線部隊の戦闘を容易にするため必要な捜索、指揮連絡および対地攻撃などに任じるものとする。状況により地上作戦協力に任じる他分科飛行部隊のため必要な捜索および攻撃部隊の誘導などに任じることがある。

三、偵察機の特性

1、司偵機

最も快速で高空性能良好、捜索容易、操縦性能良好、航続距離が大きい。

2、軍偵機

捜索、離着陸容易、速度適当で操縦性能良好、空地連絡容易とともに相当の武装を有する。

四、偵察隊の特質

1、独力単独性

単機出動し独力任務を遂行することを本旨とし、敵戦闘機の活動する状況に際しても編隊行動は採らないものとする。これは戦隊は戦隊長の空中指揮の下に全力出動を本則とする他分科飛行部隊と根本的に差異のあるところである。

2、攻撃分科ではない

航空戦力の直接発揮は戦闘、爆撃、襲撃隊などによるが、その基礎は的確な捜索にある。実に偵察隊は軍の耳目で航空戦闘威力の先駆である。しかしその特性はあくまで攻撃分科ではなく、任務達成のためには敵機に対し好んで挑戦すべきものではなく、むしろその妨害を回避することを本旨とする。

第三節　各単位部隊の特性

一、飛行団の特性

飛行団は団長を中心とする鞏固な団結を結成し、飛行団長統一指揮の下に他分科部隊並びに関係地上勤務部隊と緊密に協同連携して各種の状況に処し、各分科部隊独特の戦闘威力を発揮することにより、諸般の戦闘を遂行するものとする。

二、戦隊の特性

戦隊は戦隊長を核心とする鞏固な団結を保ち、如何なる場合においても戦隊長の意図にしたがい、衆心一致（皆の心を一つにして）よく攻撃威力を発揮し、あらゆる難局を克服して戦闘を遂行し得るものとする。

三、飛行中隊の特性

中隊は中隊長を核心とする志気結合の基礎であり、如何なる場合においても中隊長の意図にしたがい、衆心一致よく攻撃精神を発揚し、その攻撃威力を遺憾なく発揮し得るものとする。

四、戦闘戦隊整備隊の特性

戦闘戦隊は整備隊を有する。爆撃隊などにあっては飛行中隊に整備班を有するものとする。整備隊は戦隊地上部隊の骨幹で、戦隊長の意図にしたがい衆心一致よく空中勤務者と精神的結合を保ち、堅忍持久（我慢強く）旺盛な気魄をもってその任務を遂行することを要する。

第四章　地上防空部隊並びに兵站部隊

地上勤務部隊の種類

航空地区部隊　航空地区司令部、飛行場大（中）隊

野戦飛行場設定部隊　野戦飛行場設定司令部、野戦飛行場設定隊

対空無線部隊　対空無線隊、空地連絡中隊、各司令部通信部隊

航測、保安部隊　航測（聯）隊、航空路部
航空情報、気象部隊　航空情報（聯）隊、航空特殊無線隊、気象聯隊（野戦気象隊）
航空通信部隊、航空通信司令部　航空通信（聯）隊、航空固定通信部隊
補給修理機関（部隊）　航空廠、野戦航空修理廠、独立整備隊、野戦航空補給廠、
船舶航空廠

第四篇　航空部隊指揮一般の要領

第一章　指揮の要則（基本原則）

一、自主積極攻勢

航空戦力発揮の途《みち》は攻勢にある。そして攻勢は自主積極的であることを要する。ゆえに指揮官以下任にあたれば常に積極主動攻勢によりこれを完遂しなければならない。攻勢を自主積極的とするためにはわが戦力を更張《こうちょう》（締めなおす）し、戦機を構成捕捉して戦勢とし、巧みに敵の虚に乗じるとともに、敵に制されない術策を講じなければならない。兵力の統一集結使用、先制、急襲、戦力の維持培養などがこの主要手段で、情報収集の適切および指揮官以下の満々たる闘志と不動の信念とはこれを達成する根基である。

二、各分科部隊戦力の有機的統合発揮

航空戦力は各分科部隊戦力の有機的統合により始めてその威力を発揮する。ゆえに各分科部隊の指揮および戦闘（勤務）はこれをその基《もとい》としなければならない。

各分科部隊の戦力を統合発揮するためには上級指揮官は特に各部隊の任務を明確にし、一意これに邁進させるとともに各部隊は各々その特性を遺憾なく発揮し、かつ相互に理解および信頼することが緊要である。

航空部隊は編制の特質上分科的色彩が濃厚なので、各分科飛行部隊相互は勿論これらと通信、整備、情報など地上勤務部隊とが有機的（各部隊相互に血の通ったように）に統合一体化され、始めてその威力を発揮し得るものである。そして各部隊の活動は飛行部隊の戦力を最高度に発揮させることを主眼とする。

三、戦機に投じ所望の目標に集中発揮

航空戦力は戦機に投じ所望の目標に集中発揮させることを要する。このため指揮官は常に組織的に情報を収集するとともに、科学的にこれを判断し慧眼よく戦機（戦況を有利に転じる絶好の機会）を看破し、特にその指揮を雋敏《しゅんびん》（俊敏）にすることを要する。

地上勤務部隊指揮官は絶えず全般の状況を明らかにし、部下部隊を確実に掌握するとともに、特にその指揮を雋敏にして常に準備を先前に及ぼし、意図するように部隊に戦闘（勤務）を遂行させることを要する。

戦力の優越は戦勝の最大の素因である。そして戦力は兵力に根源し、訓練により更張され、戦機に投じる集中使用により勢いとなって固有の力をさらに増大する。特に航空は国軍兵力の現況並びにその戦力の特質に鑑み、戦機に投じるのを最も尚《たっと》ぶところとする。そしてよく戦機に投じる要件は的確な敵情の把握、戦機の看破、通信の完備、指揮官の雋敏な指揮、飛行部隊機動力の発揮並びにこれらを実行させるべき準備の周到などにあるものとし、地上勤務部隊にあっても特にその指揮を雋敏に行わせることを要する。

四、正奇兼ね戦う

航空部隊は常に正奇（正攻法と奇襲）兼ね戦い、最大戦果の獲得を期すことを要する。寡をもって衆を撃とうとする場合において特にそうである。このため常に戦法が硬直に陥ることを戒め、この活用を誤ることなく、飛行部隊の機動力を遺憾なく発揮し、極度に夜暗および気象を克服利用することが緊要である。

飛行部隊の機動力を遺憾なく発揮するためには航進能力に卓越させるとともに、航空基地（飛行場）機能の完整に勉め、かつ兵器整備の完璧および補給の円滑を期すことを要する。

国軍航空は必ずしもその兵力が常に敵に対し十分ではない。ここにおいて寡をもって衆を撃つための巧妙な方策の遂行は極めて重要である。このため運用にあたり各種の手段を尽くすことは勿論であるが、なかんずく戦法において敵に追随を許さないのは航空戦闘の特質上特に緊要なところである。即ち常に同一戦法を採用するときは敵に対応の処置を講じさせ、徒に損害のみ多く戦果を収めることができないのは戦訓に明らかなところである。ゆえに常に戦法に工夫を凝らし、あるいは正々堂々の戦を挑み、あるいは奇法を用いるなど戦法において敵の不期（予想外）を撃ち敵を制することを要する。

五、戦法の創意工夫と兵器性能の改善向上

戦闘間指揮官は敵の戦法、兵器、訓練の度などを明らかにし、わが装備兵器の性能を極度に発揮させるとともに、戦訓にもとづき常に敵に先行するよう戦法に創意を加え、進んで兵器性能の改善進歩を図り、かつこれらに即応する訓練を重ね、部下部隊に常に必勝の確信を堅持させることを要する。

戦闘にあたってはよく敵を知ってその弱点を看破し、これに対しわが装備兵器の性能を極度に発揮することを要する。徒に兵器性能の不足不備を嘆くようなことがあってはならない。また戦法の創意にあたり着意しなければならないのは、敵に追随するのではなく数歩敵に先行し、かつ国軍独自の精神要素を基調としなければならないことである。そして戦法と兵器の性能とは両々《りょうりょう》相まって進歩向上するものであるから、軍隊においても防弾、火力装備の増強など自ら処置し得るものは取敢えず処置するなど、徒に中央の施策に俟つことなく、生々しい戦訓にもとづき創意改善することを要する。

六、不利な環境、困難な状況の克服打開

航空作戦において戦況は常に深刻苛烈で変転極まりなく、特に飛行部隊においては人員の損傷、兵の損耗などが瞬時に多発するのを通常とする。ゆえに指揮官以下旺盛な責任観念と満々たる闘志とをもってその任にあたり、不利な環境および困難な状況を克服打開し、あくまで所期の目的を貫徹しなければならない。

七、戦力の維持増強

戦闘間指揮官は上級指揮官の企図にもとづき戦闘経過を予察し、勉めて計画的に兵器なかんずく飛行機の整備および所要資材の補給を実施し、わが戦力の維持増強に勉めることを要する。

戦闘間における人員の補充、兵器の補給修理は高級指揮官が計画準備するところであるが、各級指揮官は兵器整備の完璧、補給の円滑が戦力の強靭性確保の基礎をなすものであることを肝銘し、絶えず上級指揮官にその実情を報告するとともに、特に関係諸機関との連繋を緊密にし、勉めて計画的に兵器の整備およびこの運用並びに補給を適正にすることを要する。

八、航空基地（飛行場）機能の発揮

航空基地（飛行場）は航空部隊の居城であり、戦力の培養並びにその発揮の根拠である。ゆえに指揮官以下あらかじめその機能の完整に勉めるとともに、手段を尽くしてこれを補備増強し、特に防空および掩護施設を完備し、空地からの敵の攻撃を破摧（こなごなにする）し、わが損害を防止することを要する。

航空基地（飛行場）は高級指揮官が設定整備に任じるところであるが、これを利用する部隊は使用に先だち飛行部隊の運用および戦力発揮に遺憾のないよう機能の完整に勉め、使用中であってもその補備増強を図らなければならない。そしてその機能を完全に発揮させるためには通信施設、航空資材の集積、対空警備、飛行場勤務などを完整することを要する。

九、通信

通信は航空部隊指揮の命脈であり、戦力発揮のため必須の要素である。航空部隊における通信連絡は広汎な地域にわたる航空通信関係部隊の有機的結合と緊密な協同連携とにより、その完璧を期し得るものとする。ゆえに指揮官は航空通信関係部隊の性能に通暁し、通信に関する指揮を適切にし、その勤務を的確に律するとともに、各部隊は特に通信軍紀を厳正にし、通信技能に精熟し、兵器整備を完全にすることにより、その機能を極度に発揮することを要する。

十、命令

航空部隊の指揮にあたってはあらかじめ準備を命じ、または先ず命令の要旨を下達するなど準備に余裕があるようにするとともに、特に命令を簡潔にしその下達を迅速確実にすることを要する。命令の下達を迅速確実にするためには通信施設を完整するほか、機に臨み簡単な略号などにより命令を伝達し得るよう、あらかじめ所要の事項を規定しておくことが緊要である。

十一、戦闘間指揮官の位置

戦闘間における指揮官の位置は指揮および各部隊の協同に重大な関係を有し、部下部隊の志気に大きく影響する。ゆえに指揮官は任務および状況に応じその位置選定を適切にし、常に陣頭に挺身し身をもって部隊を指揮することを要する。戦闘惨烈の極所において特にそうである。

飛行部隊指揮官は出動にあたり空中指揮に任じることを本則とする。陣頭指揮を要することが飛行部隊より大きいものはなく、分科の特性上その必要がないか、またはこれを許さない特別の状況がない限り空中指揮に任じなければならない。

地上作戦協力に任じる場合において飛行部隊指揮官は常に地上部隊との連繋を緊密にして相互の協同なかんずく飛行部隊の戦力発揮に遺憾のないことを要する。このため指揮官は特に通信網の状況を考慮し、協力すべき地上部隊指揮官との連絡に便利な地に位置し、できれば空地連絡中隊とともに地上部隊指揮官のもとに連絡将校を派遣するものとする。

十二、空中指揮

飛行部隊指揮官の空中指揮にあたっては特に周到な思慮と迅速な決断とをもって果敢断行することが緊要である。このためあらかじめ自己の企図を明示し、戦闘指揮に関する準備の完整に勉め、部下部隊に変化急激、経過迅速な空中状況に即応し、よく意図のように戦闘させることを要する。

空中における命令の伝達および各種の連絡は無線電信、電話によるほか記号を用いるものとする。ゆえに各級指揮官以下通信に関する指揮、器材の性能および取扱に通暁するとともに、常にこれの整備を完整し、かつ各種通信法に熟達していなければならない。

空中指揮のための命令は最も簡明適切であることを要する。戦闘に関する命令においては特にそうである。このため通信実施にあたっては通信時機の看破、時間の節減、内容の簡潔および死節時の消滅に勉めることを要する。

十三、報告通報

戦闘間各部隊は適時戦闘要報を提出し、簡明的確に部隊の状態および爾後の企図を上級指揮官に報告するとともに、必要な事項を関係部隊に通報し、機に投じる戦闘指揮に遺憾のないことを要する。

航空部隊における戦闘要報は分科および戦況に応じ報告の手段、方法および内容を適切にすることが緊要である。

航空部隊の報告通報が適時適切に行われることは指揮の的確迅速を期し得る根基である。ゆえに各部隊は戦闘要報の適用を適切にし、その趣旨の達成に遺憾のないことを要する。

第二章　飛行部隊

第一節　戦闘、爆撃並びに襲撃隊

第一款　飛行団及戦隊

その一　飛行団

一、飛行団の地位

飛行団は飛行師団長の統一指揮の下に他分科部隊と協同し、または独力をもって分科独特の戦闘威力を遺憾なく発揮し、諸般の戦闘を遂行するものとする。

攻撃は通常師団長がこれを主宰し、適時飛行団に出動を命じるものとする。状況により飛行団に某期間にわたる任務を付与し、飛行団長に攻撃を主宰させることがある。

二、飛行団長の指揮

1、飛行団は飛行団長の統一指揮の下に戦闘に任じることを通常とする。出動にあたっては飛行団長自ら空中指揮に任じるのを通常とする。状況により特に戦隊に某期間にわたる任務を付与し、あるいは達成すべき目的のみを示して戦闘に任じることがある。

2、飛行団長はこのため適時部下部隊および関係諸部隊に対し必要な状況並びにこれにもとづく企図を示して準備を命じ、簡単な命令をもって整々軽捷（揃ってすばやく）に出動させられることを要する。

3、飛行団長は任務または飛行師団長の命令にもとづき状況特に戦闘の種類、敵情、部下部隊の状態、航空用資材の集積状況、季節、天文（天体観測）、気象などを考慮し、戦闘開始に先だち飛行団の展開、通信連絡、兵器の整備、補給などに関し逐次所要の事項を計画し、これにもとづき戦闘準備を整えるものとする。

4、飛行団長に某期間にわたる戦闘任務が付与された場合においては任務および関係部隊との協定にもとづき戦闘指導の方針を定め、かつ戦闘各期における戦闘威力指向の要領を定めるものとする。

5、飛行団長は常に空中および地上における彼我の状況、気象などに関する情報を明らかにすることにより戦闘指導特に攻撃威力の指向を適切にすることを要する。このため飛行団長は絶えず飛行師団長、関係部隊、各種情報機関などとの連絡を緊密にするとともに、飛行団において自ら所要の捜索を実施し、あるいは部下部隊の出動の時機を利用するなど、各種の手段を尽くして情報を収集整理し、科学的にこれを判断して、この利用に遺憾のないようにすることを要する。

6、飛行団長は敵情特に自己分科に関係ある敵部隊の情報を適時部下部隊に通報するとともに、飛行団において収集した資料は定められたところにもとづき適時飛行師団長などに報告し、その戦闘指導に資することを要する。

7、飛行団長は飛行団の活動を予察し、兵器の整備および補給をこれに適応させ、飛行団の戦力発揮に遺憾のないようにすることが緊要である。

8、飛行団長は通常関係航空地区内の防空および警備並びに飛行団に対する補給、休宿、給養、衛生などに関し航空地区部隊を区処（権限の委任）する。状況により情報、通信および航測部隊の一部を区処させられることがある。

三、飛行団指揮のための通信

1、地上連絡

飛行団内の地上連絡は航空通信聯隊および航空地区部隊の構成する通信網によることを本則とするが、状況により配属された対空無線隊にこれを任じることがある。

2、空地連絡

飛行団長は配属された対空無線隊を各戦隊並びに配属された他分科飛行部隊に対し根拠飛行場のため各二分隊を、機動飛行場のため各一分隊を配属もしくは協力させ、爾余は飛行団根拠飛行場に配置してこれを直轄するのを通常とする。

対空無線隊と在空中の各機とは渾然一体となり、飛行部隊の在空中と否とを問わず飛行団通信系を確立していなければならない。このため在地飛行部隊に協力する対空無線隊は地上通信に任じることがあるが、この通信は空中通信網としての特性を考慮し次期出動のため特に必要な報告、次期出動命令中特に緊急を要するものおよび緊急やむを得ない事項に限るものとする。

3、空中通信

飛行団空中通信網は分科の特性、指揮の要領、企図秘匿の程度などによりその形式を異にするので、この適用を適切にするとともに電文を簡潔にし、通信の速達を図ることが緊要である。

航空空中通信網は在空中の飛行機相互間並びにこれと対空関係通信部隊との間に構成し、特に戦機に投じる急襲的通信実施により飛行部隊の戦闘指揮に遺憾のないことを要する。

空中通信網は一瞬にして決する空中戦闘の指揮に即応し得るとともに、敵の通信諜報に乗じられやすく、しかもわが企図を暴露する虞が多い特性に鑑み、急襲的通信実施を緊要とする。このため通信技能の熟達および兵器整備の完璧を期すとともに、電波管制を適切にすることを要する。

4、空地連絡中隊の用法

飛行団長は地上作戦に直協する場合においては、配属された空地連絡中隊を協力すべき地上兵団に分派して連絡に任じるものとする。

四、他分科飛行部隊を配属された場合の用法
1、戦闘飛行団長
イ、爆撃隊または襲撃隊を配属された場合においては通常これを直轄し、飛行団の戦闘目的達成に協力させるものとする。
ロ、偵察隊を配属された場合においてはこれを直轄し、通常飛行団のため必要な遠距離捜索に任じるものとする。
2、重（軽）爆飛行団長
イ、飛行団内戦闘隊は飛行団主力もしくは最も緊要な方面に出動する部隊の掩護に任じるのを通常とする。
戦闘隊を配属された場合においては通常これを直轄し、敵戦闘隊に対し飛行団の進路を開拓し、あるいは収容に任じるものとする。状況により飛行団内戦闘隊に協力させることがある。
ロ、偵察隊を配属された場合においてはこれを直轄し、主として飛行団攻撃実施のため必要な捜索に任じるのを通常とする。
3、爆撃飛行団長
イ、戦闘隊を配属された場合においてはこれを直轄し、飛行団主力もしくは最も重

要な部隊の緊要な時機および空域における掩護に任じるのを通常とするが、状況により襲撃隊と協同して敵機の撃滅に任じることがある。

戦闘隊に掩護させるには敵戦闘隊に対し襲撃隊の進路を開拓し、あるいは対地攻撃時における敵戦闘機の妨害を排除し、またはその収容に任じるのを通常とするが、状況により直接掩護に任じることがある。

ロ、偵察隊を配属された場合においてはこれを直轄し、主として飛行団攻撃実施のため必要な捜索に任じるのを通常とするが、状況により部下戦隊に配属することがある。地上作戦に直協する場合において特にそうである。

その二　戦隊

一、戦隊指揮の本旨

戦隊は飛行団長の命令にもとづき、戦隊長の空中指揮の下に適時出動し、戦闘に任じるのを本則とする。

戦隊長は空中勤務に卓越するのみならず特に変化が急激な空地の状況に処し、慧眼をもって戦機を看破し得る機眼と、困難な状況下においても率先果敢執拗な攻撃を断行し、部下を駆って死地に投じさせ得る徳操（固い道徳心）と旺盛な体力気力とを有し、形而上下（精神的かつ物質的）にわたり戦隊団結の核心でなければならない。

二、指揮のための情報

　戦闘間戦隊長は絶えず飛行団長および関係機関との連絡を確保し、状況特に敵情、気象を明らかにし、随時これを部下部隊に通報し、出動準備に遺憾のないことを要する。

三、空中勤務者能力の保持増強

　戦隊長は空中勤務者の能力の保持増進に勉め、戦隊の戦力発揮に遺憾のないことを要する。このため体力および技能の練磨向上を図るとともに、手段を尽くして志気を昂揚させることが緊要である。不時の損耗を生じた場合において特にそうである。戦隊長は空中勤務者の補充にともない、速やかにその技能を練磨向上させるとともに形而上下にわたる戦隊の団結を益々鞏固にすることを要する。

四、兵器の整備

　兵器の整備は戦隊戦闘威力発揮の基礎である。ゆえに戦隊長は戦隊の活動を予察し、兵器の整備および補給をこれに適応させ、戦隊の戦力発揮に遺憾のないようにしなければならない。

五、戦法及兵器の創意工夫

戦隊長は状況特に彼我飛行機の性能および装備、敵の戦法など既往における戦闘の実績にもとづき絶えず戦隊の戦法を適切に指導し、兵器および装備の改善進歩を促し、創意工夫を凝《こ》らして敵の機先を制することに勉めなければならない。

兵器の改善進歩に関しては適時飛行団長に意見を具申することを要する。

六、関係部隊との協同

戦隊はその戦闘威力を遺憾なく発揮させるため特に飛行場大隊、独立整備隊、航空通信部隊、航測（航空測量）部隊、気象機関、補給および修理諸機関などとの協同を緊密にすることを要する。このため戦隊長以下よく関係部隊の特性を理解するとともに、機会を求めて両者の精神的結合を図ることが緊要である。

七、偵察機を配属または協力された場合

戦隊長は偵察機を配属または協力された場合においては攻撃目標の状態、地上の戦況、航路上の気象、敵機および防空火器活動の状況、攻撃後の敵情などのうち必要な事項を捜索させるよう直接その機長に対し勉めて具体的に命令し、出動準備に余裕があるようにすることを要する。戦隊の誘導に任じようとする場合においては特にわが企図および行動を明示することが緊要である。

八、戦隊指揮のための通信

1、飛行場内における戦隊の指揮連絡のためには主として飛行場大隊の構成する有線通信網を使用するものとする。

2、空中における戦隊内通信（戦隊長機と対空通信所間を除く）は戦隊長機を統制機関とする一系を本則とする。すなわち各機は中（小）隊長機を介することなく直接戦隊長機に対し交信するものとし、当該中（小）隊長機は要すれば戦隊長機に対しこれを中継するものとする。戦隊の空中通信網形式は分科の特性および指揮の要領などによりその構成要領を異にするので、この適用を状況に適応させることが緊要である。

第二隷　各分科部隊

その一　戦闘隊

一、戦闘隊必須の精神要素

戦闘隊は空中戦闘威力の骨幹であり、その戦力の消長は航空作戦の成否に関係する。ゆえに戦闘隊は手段を尽くしてその訓練を精到（綿密で周到）にし、指揮官以下航空兵必須の精神要素なかんずく慧敏にして沈着、任にあたれば決死敢闘あくまでこれを完遂する資質を涵養することにより、その精強を期さなければならない。

二、軽快機敏な空中指揮
戦闘隊の空中指揮は特に軽快雋敏でなければならない。このため指揮官は常に陣頭に挺進し、慧眼よく戦機を捕捉して戦力を統合発揮することにより、最大戦果の獲得に勉めることを要する。

三、機動力の発揮
戦闘隊は極度に機動力を発揮し、戦機に投じてよくその戦力の数倍的使用に遺憾のないようにすることを要する。このため指揮官は特に指揮を雋敏的確にし、出動を軽捷自在にさせるとともに、部下部隊に航進能力に卓越しよく夜暗および悪天候を克服翔破（飛びとおす）させ得るようにすることを要する。

四、空中戦闘の要訣
空中戦闘の要訣は先制奇襲にある。ゆえに各級指揮官以下常に自ら索敵、警戒を周密至厳にし、炳眼《へいがん》（鋭い観察力と洞察力を持つ目）よく敵に先んじて敵を発見し、高位を必占してその不期を衝き、勝を一挙に制することを要する。

五、接敵
接敵の巧拙は空中戦闘の成否に関係する。ゆえに接敵にあたってはわが企図する攻撃法にもとづき彼我の態勢および速度、気象状況などを考慮してその経路を適切にし、有利な攻撃開始点に占位して初動における態勢の優越を確保するとともに、確実に敵を捕捉し得ることが緊要である。

六、空中戦闘と団結

鞏固な団結および機宜（ふさわしい時機）に適する独断は空中戦闘必須の要件である。ゆえに戦闘隊は戦闘間指揮官を核心とする鉄石の団結を確保し、部隊一丸の実を発揮するとともに、部下は指揮官の意図を明察し、独断よく機宜を制し敵を圧倒撃滅することを要する。

七、空中隊形

空中隊形は形而上下における団結結成の表徴であり、かつ戦力発揮の根基である。ゆえに戦闘隊は常にこの訓練を徹底し、戦況に応じる不規不測の機動下においてもよく整然たる隊形を確保し、部隊戦力の統合発揮に遺憾のないようにしなければならない。

その二　重爆隊

一、重爆隊必須の精神要素

重爆隊は攻撃威力の中枢であり、その振否は航空作戦の成否に関係する。ゆえに重爆隊は手段を尽くしてその訓練を精到にし、指揮官以下特に航空兵必須の精神要素なかんずく剛胆にして周到、任務に就けば強靭不屈あくまでこれを完遂する資質を涵養して、その精強を期さなければならない。

二、爆（雷）撃威力の発揮

爆（雷）撃威力を発揮するためには爆（雷）撃に関する兵器の優秀および技量の卓越を期すとともに、攻撃にあたっては好機に投じ勉めて集結した戦闘威力を発揮して敵を急襲することを要する。しかし状況特に攻撃の目的により小さい部隊をもって敵を奇襲し、執拗に攻撃を反復することを要することがある。

三、航続力の発揮

重爆隊は進攻にあたり敵地深遠の空域に進出し、あるいは近距離目標を執拗果敢に反復攻撃し、あるいは迂回陽動（敵の注意をそらすための行動）または牽制を実施するなど、その偉大な航続力を遺憾なく発揮することを要する。状況が要すれば断乎として航続距離の最大限を翔破して敵が予期しない空域に挺進し、敵を急襲する覚悟がなければならない。したがって重爆隊は特に航進能力に卓越し、よく夜暗および悪天候を克服翔破できなければならない。このため常に兵器整備を周到にし、指揮官以下作戦地全般の天文および気象の特性を明らかにして判断を正確にし、気象、航測および保安部隊との連繫を緊密にすることを要する。

四、空中隊形

形而上下にわたる鞏固な団結は重爆隊戦闘威力発揮の基礎であり、空中隊形はその表徴である。ゆえに重爆隊はこの訓練を徹底し、たとえ気象の障害に遭遇しまたは熾烈な空地の銃砲火を蒙《こうむ》っても厳として所命の隊形を堅持し、部隊戦闘威力の発揮に遺憾のないようにしなければならない。

五、飛行機在地間の処置

飛行機在地間は重爆隊最大の弱点である。ゆえに指揮官は地上勤務部隊との連繋を緊密にして飛行場におけるこの配置を適切にし、極度にこれを分散するとともに、搭載火器を活用して防空火力を強化し、かつ掩護施設を増強してできる限り損害を局限するとともに、機動飛行場を活用して軽易に移動し、部隊を集散離合してわが所在の秘匿に勉めることが緊要である。

その三　軽爆隊

一、軽爆隊必須の精神要素

軽爆隊は攻撃威力の先鋒であり、その成否は航空作戦に大きく関係する。ゆえに軽爆隊は手段を尽くしてその訓練を精到にし、指揮官以下とくに航空兵必須の精神要素なかんずく剛胆にして慧敏、任務に就けば果敢断行あくまでこれを完遂する資質を涵養することにより、その精強を期さなければならない。

二、その他は重爆隊に準じる。

その四　襲撃隊

一、襲撃隊必須の精神要素

軽爆隊に準じる。

二、対地攻撃の要訣

襲撃隊対地攻撃の要訣は軽快な機動性を発揮し神出鬼没、敵を奇襲するとともに熾烈な火力を発揚し、果敢執拗に攻撃を反復してこれを破砕撃滅することにある。

三、指揮官以下の機宜に適した独断

襲撃隊の特性を遺憾なく発揮し、襲撃効果を最高度に発揚するためには上級指揮官の軽妙適切な指揮によるほか、特に指揮官以下の機宜に適する独断に待つものが極めて多い。このため指揮官以下常に状況を明らかにし、事に臨み独断よく戦機に投じ得ることを要する。

四、機動力の発揮

整斉軽捷な航進の実施は襲撃隊任務達成の基礎である。ゆえに指揮官は特に航進の計画および指揮を適切にするとともに、各部隊は各種気象状況をよく利用克服するのみならず、地形を利用して超低空を航進するなどその機動性を遺憾なく発揮し、随時所望の地域に進出することを要する。

五、空中戦闘

襲撃隊は勉めて空中戦闘を避け、任務を遂行するのを本旨とするが、状況が要すれば敢然敵を攻撃し、その妨害を排除して任務を達成することを要する。そして兵力の集結並びに鞏固な団結威力の発揮はこのため必須の要件である。状況により防御火網を構成し、敵の攻撃を排除することがある。

その五　最近の戦況にもとづき各分科指揮上特に着意すべき事項

一、電波兵器の克服利用

電波兵器の急速な進歩にともない各分科部隊ともに戦闘のためには敵電波兵器の配置および性能を詳知し、その弱点に乗じ進んでこれを制し、またはこれを克服利用するなど、敵に対応の策をなくさせるとともに、わが電波兵器を活用し、攻撃威力の発揮を容易にすることが特に緊要である。

二、戦闘間における補備訓練

飛行部隊は戦闘の特性上損害が一時に多発し、一挙に戦力を低下することが少なくないのみならず、戦闘間であっても常に戦法に変革を来す必要があるので、絶えず自隊内において所要の空中勤務者に対し補備訓練を実施し、あるいは計画的に部下部隊を訓練することにより、常に部隊の戦力に弾力性を保持しておくことが緊要である。新たに人員を補充した場合は戦訓にもとづき所要の補備訓練を実施し、速やかにその技量の向上を図るとともに、部隊の精神的団結の結成に勉めることを要する。

三、敵に関する情報の収集および戦訓の攻究

飛行部隊指揮官以下は常に敵飛行部隊および防空部隊などに関する情報の収集および戦訓の攻究（学問、技術を修める）に勉め、特にその戦法を明らかにし、絶えずわが戦法、兵器などに創意改善を加え、かつこれらに即応する訓練を重ねることにより、百戦必勝を期すことを要する。

第二節　偵察隊

第一款　司偵隊

その一　司偵隊指揮の特性

一、司偵隊必須の精神要素

司偵隊は航空の耳目であり、その精否は航空作戦を左右し、航空戦力発揮に至大

な影響を及ぼす。任務達成にあたっては単機敵線深く進入し敵機の妨害、各種気象の障害などを回避克服し、分散遮蔽、欺騙（偽装、見せかけの撤退など敵を誤解させる）など各種の術策を排して敵の企図および行動を看破偵知し、適時適切な情報を獲得しなければならない。ゆえに司偵隊は手段を尽くしてその訓練を精到にし、指揮官以下特に航空兵必須の精神要素なかんずく剛胆にして周到、任務に就けば強靭不屈あくまでこれを完遂する資質を涵養し、その精強を期さなければならない。

二、各級指揮官以下の卓越した識見と慧敏なる機眼

司偵隊任務達成のためには卓越した捜索力と明敏な判断力とにより広汎な地域にわたり適時適切な情報を収集し、高級指揮官に機を失せずこれを利用させることを要する。このため各級指揮官以下特に航空作戦並びに地上作戦に関する卓越した識見と慧敏な機眼とを有し、一瞥よく真相を看破しなければならない。

三、捜索の要領

司偵隊の捜索は目的および戦況に鑑みその時機および方法を適切にし、できる限り敵の意表に出で隠密に実施することを通常とするが、状況によりこれを強行することがある。捜索は視察および写真、電波兵器などにより、あるいはこれらを併用するものとする。

四、報告

報告は司偵隊の生命である。ゆえに指揮官以下常に所属司令部または協力すべき部隊との連絡を確保し、報告実施の時機、手段方法などの選定を適切にし、適時その結果を利用させることを要する。報告にあたってはできる限り写真を活用することを要する。

五、他分科飛行部隊の戦闘に協力する要領

司偵隊が他分科飛行部隊の戦闘に協力する場合においては関係部隊指揮官とあらかじめ会同し、綿密周到に協力要領を定め、他分科飛行部隊にその戦力を最大限に発揮させるよう行動することを要する。このため他分科飛行部隊の特性をよく理解するとともに、特に精神的融合に勉め、かつ通信連絡を確保することが緊要である。

六、任務達成必須の要件

航進能力に卓越し通信技能に精熟（詳しく熟練している）するのは司偵隊任務達成のため必須の要件である。ゆえに指揮官以下手段を尽くしてこれら技能を錬磨向上し、昼夜を通じ各種気象状況の下単機よく遠大未踏の空域を翔破し、所望の時期所望の空域に進出し得るとともに、通信管制下機に臨み短節（短くきりのよい）なる通信により、よく報告の目的を達成し得ることを要する。

七、夜間行動

司偵隊は任務達成のため夜間行動を実施することが極めて多い。ゆえに各級指揮官以下夜間の特性を把握し、よく夜間における指揮および行動に慣熟することを要する。

その二　司偵戦隊及司偵中隊

他分科飛行部隊と特異の事項のみ記述する。

一、司偵戦隊

1、要旨

戦隊長は任務達成のため戦隊を統一して運用することを本則とする。飛行師団司偵戦隊は戦闘間時として一部を飛行団に配属されることがある。この際においては戦隊主力と配属部隊との任務の分界を明示されるのを通常とする。

2、飛行団に協力する場合

戦隊長は飛行団に協力を命じられた場合においては所要の中隊に対し協力すべき飛行団、協力開始の時期、期間、要すれば使用機数の標準、使用飛行機、通信連絡など協力要領を示し、中隊長に主として飛行団の要求にもとづき行動させることを通常とする。部下部隊の一部を飛行団などに協力させられた場合においては常にその部隊を確実に掌握し、要すればその協力要領を指導するものとする。

3、気象状況の把握

戦隊長は気象機関その他より適時気象情報を収集するとともに、自ら所要に応じ必要な方面に対する気象状況の捜索を部署し、常に作戦地全般の気象状況を明らかにしておくことを要する。この際各種気象の統計その他により速やかに作戦地における気象の特性を把握する着意が緊要である。

4、戦隊指揮のための通信

地上における通信連絡は飛行団に準じる。戦隊空中通信網は専ら空地通信によるものとする。戦隊長は配属対空無線隊に戦隊長の戦闘指揮が最も容易な位置に戦隊対空通信所を開設させ、対空通信に任じさせるとともに、通常所要の分隊を各飛行中隊に配属するものとする。戦隊対空通信所は勉めて中隊の通信を傍受し、その状況を明らかにすることを要する。

二、司偵中隊

1、要旨

中隊長は空中勤務者の性格および技能を熟知し、偵察者と操縦者との編合(組合せ)、任務の分課(割当)などを適切にすることにより、その戦力を最大限に発揮させることを要する。偵察者および操縦者の編合にあたっては勉めてこれを固定する着意を必要とする。中隊長は常に戦隊長の企図、一般の戦況特にその推移、彼我の空中状況、気象などを詳知し、適時これを空中勤務者、整備班長および通信掛将校に知悉させることにより中隊の指揮を的確にし、その行動を軽快にすることを要する。

2、戦闘指揮

中隊長は任務達成のため単機毎に出動させることを本則とする。このため空中勤務者の状態なかんずくその性格および技能を考慮し、任務に応じ要すれば編合を変更し、任務達成に遺憾のないようにすることを要する。

中隊長は空中勤務者を補充されれば速やかにその技能を錬磨向上させ、戦況の繁簡、難易などを考慮して逐次作戦地の状況に慣熟させた後、戦闘に参加させることが肝要である。

3、兵器の整備

中隊長は常に飛行機その他の兵器整備の状態を明らかにし、戦隊長の命令にもとづき関係機関と連繋し、常に計画的に中隊兵器の整備を実施し、任務達成に遺憾のないことを要する。

4、戦訓の活用

中隊長は戦隊長の企図にもとづき戦闘間常に戦訓を収集整理し、これを活用して部下部隊を訓練し、中隊の戦力を向上させることを要する。特に敵が使用する新兵器、戦法などに対しては速やかに対策を樹立し、これを部下に普及徹底させることが緊要である。

5、指揮のための通信

中隊は在空機と中隊対空通信所（配属対空無線分隊をもって開設）との間に通信系を構成するほか、飛行団に協力もしくは一部の配属を命じられた場合においては当該部隊の通信系に加入するものとする。

中隊の通信系は各機毎に構成するのを通常とするが配当電波、対空無線機数により数機を一通信系にすることがある。

第二款　軍偵中隊

軍偵中隊の指揮は司偵中隊に準じる。この細部事項は地上関係教程によるものとし、本款においては航空部隊に関係ある事項のみを記述する。

一、直協任務に服する飛行団に協力する要領軍偵中隊が直協任務に服する飛行団に協力する場合は、軍司令官の命令にもとづき飛行団の戦力を適時所望の地点に遺憾なく発揮させるよう協力することを要する。このため中隊長は速やかに協力すべき飛行団と連絡し、飛行場の使用、情報の収集並びにその通報の時機および手段、通信連絡、攻撃部隊の誘導要領など細部について具体的に協定することが緊要である。この際協力に任じる空中勤務者を立会わせることを有利とする。

二、司偵隊と協同する要領

　軍偵中隊が司偵隊と協同するにあたり、その任務の分界は軍司令官より命じられるものとする。そして司偵隊と緊密な連携を保持し、戦機に投じる情報の交換を行うためには中隊長はあらかじめ自己の企図、戦闘各期における使用飛行場、情報収集の要領、連絡の方法などを通報するとともに、情報交換の時機および交換すべき情報の種類などに関し具体的に協定することが緊要である。

第七篇　機動及展開

第一章　一般の要領　要旨

航空部隊は集中、展開、飛行場変換などのためしばしば機動を実施するものとする。

機動および展開にあたってはわが企図を秘匿して所命の兵力を所命の時機および地点に移動し、速やかに戦闘準備を完整することを要する。

一、高級指揮官の部署

航空軍司令官または飛行師団長は集中のため上級指揮官の命令にもとづき通常集中計画を策定し、これにもとづき各部隊の集中行動を律する。

展開のため飛行師団長は展開計画を策定し地上勤務部隊、飛行部隊に所要の件を命令する。

集中または展開を部署するにあたっては空中機動部隊および地上（水上または海上）機動部隊に区分するのを通常とする。そして両者の機動は爾後における作戦（戦闘）準備を考慮して密接に吻合（連繫）させることが緊要である。

二、各部隊の機動

機動および展開は高級指揮官の計画にもとづき実施することを通常とする。このため指揮官は彼我の航空状況、部下部隊の状態、使用できる輸送機関、機動距離、航路または航空路の状態、航空基地（飛行場）の配置およびその状態、交通網の状況、気象、季節などを考慮し、この実行のためその細部を計画するものとする。

高級指揮官より機動の開始および完了の時機、輸送機関の配当、企図秘匿などに関する要項のみを命令された場合においては通常自ら計画実施するものとする。

1、飛行部隊

飛行部隊の機動にあたっては輸送飛行部隊、滑空飛行部隊などを配属または協力させるのを通常とするが、各部隊はできれば所属飛行機を活用し、機動を軽捷にするものとする。そして一部地上（水上または海上）機動がやむを得ない場合においても指揮機関、空中勤務者、所要の地上勤務者などは手段を尽くして空中機動に拠ることを要する。

機動を軽捷にし、展開を整斉と行うためには関係部隊との連繋を緊密にし、この準備を周到にするとともに、戦闘任務達成に直接関係のない資材の携行を極力制限し、できる限り地上（水上または海上）機動による兵力および資材を少なくすることが緊要である。

三、機動間における補給、整備、その他の諸勤務

機動にあたり空中部隊の補給、整備、通信、気象、警備、休宿、給養、衛生などの諸勤務に関しては飛行師団長の命令にもとづき大本営直轄航空路上の飛行場にあっては飛行場司令官の、その他の飛行場にあっては飛行場司令、航空地区部隊などの区処または援助を受けるものとする。また地上機動にあたっては所要に応じ通過

地点を管轄する高級指揮官の区処を受けるものとする。

四、機動にあたり注意すべき事項

機動のためにはその準備および実施にあたり特に企図の秘匿に勉めるとともに、常に対敵即応の態勢で行い、状況に十分応じ得ることを要する。

1、企図の秘匿

機動にあたりわが企図を秘匿するためには、空中機動にあっては機動の時機、航路の選定、通信管制などを適切にし、地上（水上または海上）機動にあっては特に防諜を厳しくすることが緊要である。

2、装備兵器の整備

指揮官は上級指揮官の命令にもとづき部下部隊の状態特に装備兵器の状況を考慮し、機動開始に先立ち勉めてこれを整備し、機動実施を整斉と行うとともに、直後における戦闘に支障のないようにすることを要する。

3、関係機関との連繋

機動にあたっては上級指揮官の企図にもとづき関係輸送機関との連繋を緊密にするとともに、あらかじめ中間および到着飛行場における準備を完整し、整斉迅速に機動を完了することを要する。このため指揮官は機動開始に先立ちあらかじめ所要の人員を中間および到着飛行場に派遣して、所要の準備を整えさせるとともに、要すれば適時自ら到着飛行場に先行し、上級指揮官の企図にもとづき爾後の戦闘準備を指導することが緊要である。

五、機動及展開のため飛行部隊と関係諸部隊との連絡要領

1、飛行団長は機動および展開準備のため所要の部員以下を先遣し、戦隊の先遣人員を区処して機動途中における補給、宿営、給養などに関し所要の部署を行うとともに、展開航空基地の偵察を実施させるものとする。

2、戦隊長は戦隊の機動に関する計画を策定すれば、これにもとづき展開飛行場および中間飛行場における関係部隊と連絡し、戦隊の空中および地上機動兵力、到着予定日時、到着後における戦隊行動の概要などを通達するとともに、飛行団長の命令にもとづき、空中輸送により所要の人員、兵器および器材を先遣するものとする。

先遣隊は中間飛行場および展開飛行場における関係諸部隊と連絡し、所要の事項を協定し、戦隊展開のため所要の準備を整えるとともに、これらの部隊に戦隊の活動に即応するよう諸準備を整えさせるものとする。

先遣隊の関係諸部隊と協定すべき事項は概ね左のとおりである。

（1）中間または集中飛行場の飛行場司令官および関係諸部隊と協定すべき事項

○整備、補給、警備要すれば修理、○飛行場の使用とくに飛行機の繋留、○空中機動のための保安施設の利用、○休宿、給養および衛生など

（2）展開飛行場における関係諸部隊と協定すべき事項

イ、飛行場大隊と協定すべき事項

○飛行場勤務に関する事項、○飛行機および附属設備の配置（偽飛行機の配置およびその変更に関する事項をも含む）、○勤務班の差出、○飛行場の警備、○燃料、弾薬、酸素などの補給、○飛行場内有線通信網の構成、○情報の交換、○飛行場の補修、誘導路および掩体の構築、○始動機、補給機、自動車の使用、○休宿、給養および衛生など

ロ、航空補給修理諸廠と協定すべき事項

○飛行機および兵器の修理および整備、○資材の補給など

ハ、独立整備隊及移動修理班と協定すべき事項

○戦闘整備援助の範囲および協力要領など

ニ、航空通信部隊と協定すべき事項

○通信所の配置および設備並びに線路の構成、○使用周波数および通信開始時刻、○電報配達要領など

ホ、気象部隊と協定すべき事項
○気象情報入手の時機および要領、○気象情報の交換など
ヘ、航測部隊と協定すべき事項
○航測部隊の配置および協力要領、○通信諸元、通信法、○誤差測定など
ト、情報部隊と協定すべき事項
○情報の伝達手段、○情報審査の範囲など

第三章　空中機動

第一節　要則

一、空中機動の要領
1、高級指揮官の部署
2、機動実施部隊
空中機動にあたっては特にその目的、部隊の大小、戦況、気象、機動距離などを考慮し、全力同時にまたは小部隊毎に逐次機動するものとする。
二、空中機動にあたり着意すべき件
1、空中機動にあたっては特に指揮掌握を確実にするとともに、機動間における事故

機の絶滅に勉め、手段を尽くして所命の時機までに機動を完了することを要する。このため小部隊毎に逐次機動する場合においては指揮官は先頭部隊を直率し、有力な将校に後方部隊を指揮させ、同時に機動する場合においても右に準じて処置し、事故機の推進に任じることが緊要である。

2、空中機動にあたっては勉めて躍進距離を大きくすることを要する。このため気象判断および航路の選定を適切にし、できる限り一挙に所望の距離を躍進することが緊要である。

中間飛行場の使用にあたっては飛行場の状態に応じ、あらかじめ整備および給油の援助に関し関係部隊と緊密に連絡し、死節時を減少する処置を講じることが緊要である。

3、空中機動にあたり中間飛行場を使用する場合においては、上級指揮官の命令にもとづき中間飛行場における飛行場勤務、休宿、給養、衛生などに関し飛行場司令官または飛行場司令の区処を受けるものとする。

4、空中機動は昼夜を通じて実施し、特に企図秘匿上夜間を利用することが緊要である。このため保安機関の活用に遺憾のないようにすることを要する。機動のため夜暗を利用するにあたってはできれば出発および航進のため夜暗を利用し、到着は勉めて昼間にする着意が必要である。気象状況の変化を予想する場合において特にそうである。また保安機関を活用する場合においては保安通信によりわが企図および行動を暴露させないよう通信管制を厳しくすることが緊要である。

5、空中機動にあたっては飛行機および滑空機の搭載量を考慮し、過搭載とならないよう注意するとともに、機動間における対敵即応の戦備に遺憾のないことを要する。

6、空中機動のための計画は気象状況を考慮し十分な余裕をもたせるとともに、その実施にあたっては特に気象判断を適切にし、機動空域の気象状況に応じあるいは予定を変更して気象状況の変化に先立ちその空域を通過躍進し、あるいは一時停止して兵器整備を実施するなど気象利用に遺憾のないようにする。

第二節　各部隊の空中機動

第一隷　飛行部隊

その一　飛行団

一、空中機動のための計画

空中機動のためには飛行師団長の命令にもとづき状況特に航空路または航路の状況、機動距離の長短、飛行場、保安部隊および施設、季節、気象などを考慮し、この実施に関し左記事項中所要の件を定めるものとする。
○機動開始および完了の時機、○梯団区分、輸送機の配当、○各梯団の躍進要領
特に航空路または航路もしくは航進空域、○保安施設の利用、○中間飛行場の
利用、飛行機の整備および補給の要領、○機動間における通信連絡、○機動間
における警戒および企図秘匿、○戦備の度、○休宿および給養など

二、戦隊の部署

空中機動にあたっては季節、気象、航路およびその長短、企図秘匿の要度、飛行場施設などを考慮し戦隊毎に概ね一団となり、または戦隊に対し某期間を配当し、適宜の部隊毎に梯次に（順番に）移動させるものとする。

その二　戦隊

一、要旨

戦隊はできる限り空中機動により機動を軽捷にすることを要する。空中機動によるべき兵力および器材は配当輸送機の数により異なるのはやむを得ないが、指揮機関および所要の整備力は空中部隊とともに機動させることが緊要である。

二、機動に関する計画

機動および展開のため戦隊長は飛行団長の命令にもとづき空中部隊および地上部

隊の機動の細部を計画し、その実施に任じるものとする。状況によりその要項および輸送機関の配属のみを命令され、戦隊において計画実施することがある。

空中機動のため戦隊長の計画すべき事項は概ね左のとおりである。

○梯団区分、○移動整備力の搭乗区分およびその編合、○輸送機の配当、○先遣部隊の派遣、○機動要領、○航程、出発および到着時刻、○隊形または隊勢、○航路または航進空域および予備航路、○利用飛行場、○保安施設の利用、○通信連絡および通信管制、○落伍機の収容、○装備、給油、兵器および器材の更新および交付、○企図秘匿、○警備、休宿、給養および衛生

空中機動のためには兵器特に飛行機の整備状況、全般の気象配置、操縦者の技量などを考慮し、空中機動の態勢特に梯団区分、日々の航程、気象状況の変化に応じる予備航路などを定め、かつ中間飛行場、通信、航測および気象部隊などの利用に関し周到に計画することを要する。

三、機動の部署

空中機動のため戦隊は通常戦隊長指揮の下に航進隊形により航進するものとする。遠距離機動のためには誘導機を設け、落伍機収容のため本部および各中隊より所要

の人員を選抜して最後尾を続行し、その収容に任じるのを通常とする。状況により中隊毎に機動させることがある。

協力または配属された輸送機は各中隊に配属し、中隊と一団となって行動させるのを通常とする。状況によりこれを統一して別に一梯団を編成し、輸送機の指揮官に指揮させることがある。

第三節　空中機動にともなう保安勤務

第一款　航空路

一、内地および作戦地、作戦地相互間並びに作戦地内の主要地点を連絡するため一貫した計画の下に航空路を設置されるものとする。航空路は大本営または航空軍司令官がこれを定める。

二、航空路施設の主要なものはこれを連結する飛行場並びに通信保安施設とし、これらの施設は飛行部隊の機動力を増大させることを主眼として配置される。

第二款　作戦地における航空路部隊の任務

航空路部長は通常航空軍司令官に隷し、航空路上における航空保安要すれば航空通信並びに航空路上を機動する飛行部隊の整備、警備、宿営、給養、衛生などを担任する。

第三款　航空路部隊と飛行部隊との協同

一、要旨

飛行部隊が機動にあたり航空路を利用するときはあらかじめ保安部隊と連絡し、この利用に遺憾のないようにするとともに、保安部隊は常に積極的に飛行部隊に連絡し、事前にその機動の計画を承知し、適切な協力によりその機動実施を確実神速に行わせることが緊要である。

二、気象機関との連絡

保安部隊は特に気象機関との連絡を緊密にして常に気象状況を明らかにし、飛行部隊の要求に応じ即時所望の事項を通報し得る準備を完整しておくことが緊要である。また航空路を利用する飛行部隊は所要に応じ航空路上の気象実況を保安部隊に通報するとともに、着陸後通過した航空路の気象状況を到着地の保安部隊に通報するものとする。

三、保安に関する情報の通報、報告

航空高級指揮官は連絡規定、気象勤務規定などにおいて保安に関する情報の通報および報告の要領を定め飛行部隊、保安部隊、航空通信部隊、気象部隊など相互の協同を適切にするものとする。

第三章　地上（水上または海上）機動

第一節　地上（水上または海上）輸送機関並びにその特性　第一款　通則

一、要旨

1、輸送は軍の集中、機動、補給など用兵上極めて重要であり鉄道、船舶、自動車、動物などによる。鉄道および船舶は輸送力が大きく、航空大部隊の運用はこれに俟つところが最も大きい。自動車および動物は主として戦場において各々その特性を発揮する。

2、戦時軍隊の輸送は複雑で空中、地上および海上からの各種妨害を排し、極寒もしくは酷熱を制し、給養の粗悪を忍んで連続長時日にわたり実施しなければならない。ゆえに軍隊は戦時輸送の特質を理解し輸送の計画、処理または実施に任じる機関の職域を尊重し、これら機関との連絡を密にし、軍紀を厳守して困苦に耐えることにより、輸送実施を整斉確実にすることが緊要である。

二、軍事鉄道機関

鉄道業務は野戦鉄道司令部、鉄道監部、鉄道輸送司令部、停車場司令部およびこれらの支部がこれに任じる。これらを軍事鉄道機関と称する。

野戦鉄道司令部は外地における鉄道業務を、鉄道監部は戦場もしくはその付近における鉄道業務を、鉄道輸送司令部は通常内地における鉄道業務を実施し、各々鉄道輸送に関し計画処理に任じる。

停車場司令部は某停車場もしくは某地域にある隣接数停車場における人馬、材料（荷物を含む、以下同じ）の搭載、卸下《しやが》に関し所要の事項を規定し、かつこの指導監督に任じ、また通常輸送中の給養を担任する。

野戦鉄道司令官、鉄道監、鉄道輸送司令官およびこれらの設けた支部長は輸送の計画および処理のため必要な件に関し、また停車場司令官および支部長は当該停車場における乗（下）車もしくは給養に関し乗車部隊を区処する。状況により鉄道隊に戦線に近い鉄道業務を担任させることがある。

三、海運地

船舶輸送のため海運基地、海運主地および海運補助地を設ける。海運基地は軍事輸送上枢要な内地港湾にこれを設け、通常船舶輸送の策源地とする。海運主地は外地主要の港湾にこれを設け、通常船舶輸送の端末における中枢地とする。海運補助地は海運基地または同主地以外において必要な港湾にこれを設ける。

四、軍事船舶機関

船舶業務は船舶司令部、船舶兵団および船舶団、船舶輸送隊および船舶輸送地区隊がこれに任じる。これらを軍事船舶機関と称する。

船舶司令部は通常海運基地に設置され、上陸作戦および海上輸送、海運資材の整備補給に任じる。

船舶兵団および船舶団は船舶司令官に隷し上陸作戦に任じる。上陸作戦任務に服する場合においては多くは現地軍司令官の指揮を受けるものとする。

船舶輸送隊および船舶輸送地区隊は船舶司令官に隷し海上輸送に任じる。作戦輸送および局地輸送に関しては現地軍司令官の区処を受けるものとする。

船舶輸送隊、船舶輸送地区隊、船舶団などは各地に支部、出張所、碇泊場などを配置し海上輸送を行う。

軍事船舶機関の長は輸送の実施上必要な事項に関し乗船部隊を区処する。

大きな河川を利用する船舶業務は前諸項に準じる。

五、輸送計画

輸送計画は作戦上の要求を充足することを主眼とし、また技術的状況を顧慮して策定することを要する。鉄道または船舶輸送を要する軍隊は通常輸送請求表を軍事鉄道機関または軍事船舶機関に提出するものとする。その機関はこれにより輸送計画を策定し、所要に応じ関係輸送機関にこの実施を命令もしくは要求するとともに、乗車または乗船部隊には通常輸送計画表をもって指示するものとする。時として軍隊自ら輸送計画を作為することがある。

六、軍用輸送券

鉄道および船舶輸送にあっては通常軍用輸送券をもって輸送の証票とする。

七、輸送指揮官

各列車または各輸送船における乗車もしくは乗船部隊の高級先任の将校（各部将校を長とする部隊のみを輸送する場合においては高級先任の各部将校）はこれを輸送指揮官とする。ただし将官は要すれば他の将校をこの任に当らせることができる。

輸送指揮官は乗（下）車または乗船および上陸の指揮、輸送中の警備などに任じ、給養に関する事項を区処する。そして軍紀の維持、諸法則の実施は各部隊長の責任とする。

輸送指揮官は特に規定された場合のほか列車または輸送船の発着および運行に干

渉することはできない。

八、乗（下）車船する軍隊と軍事鉄道（船舶）機関との協定

大部隊の鉄道または船舶輸送にあっては高級指揮官はなるべく乗車または乗船二日前までに所要の人員を乗車地または乗船地に先遣して乗車または乗船などに関し軍事鉄道機関または軍事船舶機関と必要な協定を行い、これにもとづき逐次到着する部隊に乗車または乗船のための区分、日時および集合、船内の視察、給養、警戒勤務などに関し所要の指示を与える。

小部隊の輸送にあっても所要に応じ前項に準じて処置する。

下車または上陸にあたっても前諸項に準じる。

九、輸送業務上注意すべき事項

鉄道および船舶業務は極めて複雑で一局部の故障であっても累を全局に及ぼすことが多いことに鑑み、軍隊の計画および規定を守り発車または出港を遅延させ、あるいはこれを遅延させるような請求をしないことを要する。

輸送請求および輸送計画中には軍隊の企図、兵種、兵力など軍機にわたる事項が多いので、これらに関連する書類などでいやしくも機密探知の資料となるものの取扱に関しては特に注意を要する。

十、輸送における警戒

重要な停車場、海運地などの警戒特に防空のためには特定の部隊を配置されることを通常とする。乗車または乗船部隊はこれらの処置を講じられている場合においても要すればさらに所要の処置を講じる。

停車場および海運地の直接警戒、軍機保護などのためには通常衛兵を、所要に応じ防空部隊を配置する。衛兵は最寄り軍隊もしくは乗車または乗船部隊よりこれを派遣し、停車場司令官または碇泊場司令官の指揮を受けるものとする。

輸送機関は敵飛行機の攻撃目標となり、また船舶にあっては敵艦艇特に潜水艦、飛行機の襲撃を受ける虞があるので、これらに対する自衛の手段を整えるほか、海上交通保護機関などとの連絡を緊密にし経路、時期、行動、隊形などの選択を適切にし、かつできれば偽装あるいは陽動を行うなど秘匿の手段を講じることが緊要である。

第二款　鉄道

一、要旨

鉄道は軍作戦の基線として戦略上重大な意義を有する。特に航空作戦にあっては資材の集積、補給、機動など鉄道に負うところが大きく、航空大部隊の作戦は鉄道を離れてはその遂行は至難である。

二、鉄道輸送

鉄道輸送は通常軍用列車によるが、時として交通列車の一部を利用することがある。軍用列車の組成は輸送の目的、乗車部隊の種類、鉄道の能力などにより異なるが、なるべく輸送力を最大限に利用し、かつ勉めて乗車部隊の建制（編成表に定められた本属の組織）を保持するよう定めることを通常とする。しかし輸送能率を大きくするため概ね兵種に応じ列車の組成を一定し、これに部隊を配当することがある。

第三款　船舶

一、要旨

船舶は物資輸送および海洋における作戦において重大な地位を有する。特に海洋における航空基地の設定および推進資材の集積などは終始船舶輸送によることを要し、その成否は航空作戦を左右する。

船舶輸送は通常船団を編成し、これに直接護衛の艦艇および航空機を附属する。

特に危険海面においては現地陸海軍は協定して敵機に対する警戒を厳にし、目的港に近づくにしたがい益々航空機による直衛を強化し、泊地に達すると強大な航空機の連続直衛の下に短切揚搭（短時間で集中的な荷役）を敢行するものとする。

船舶輸送は気象および季節の交感、敵の妨害など予期しない幾多の障害を受け、輸送計画に大きな齟齬《そご》（不一致）を来すことがしばしばあるので、この計画には所要の弾力性を保有させるとともに軍事船舶機関および軍隊は準備を周到にし、万難を排し所期の目的を達するよう勉めなければならない。

二、乗船区分

乗船区分は輸送の目的、輸送船の性能特に搭載力、通信装備、部隊の建制、海上の状況、上陸地の景況などを考慮し、通常輸送計画に任じる軍事船舶機関の長がこれを定める。そして軍隊は作戦方針または戦闘計画、自隊の実情、揚陸区分および要望を述べ、特に航空作戦の遂行に遺憾のないようにすることが緊要である。

船内における軍紀の維持および内務の実行を容易にするため、一輸送船に建制部隊を乗船させることができれば有利である。しかし特に迅速に上陸（揚陸）することを要する部隊（資材）、一船舶の損害により全局に影響を及ぼすような部隊（資材）などは適宜数船に分乗させることがある。また船腹を遺憾なく利用するため部隊を分割し、数船に分乗させることがある。

三、河川、湖沼などを利用する輸送
河川、湖沼などが存在する地域に作戦する軍隊は機動、補給などのため船舶および舟艇を有利に使用することができる。河川、湖沼などの利用にあたってはあらかじめ水路を調査し船舶、舟艇を収集し、水先案内人を求め、その他の諸準備を周到にすることが緊要である。各船舶、舟艇は当時の状況に鑑み地上、水上および上空の敵に対し警戒を厳にし、これらに対する戦闘を準備し、いやしくも敵に乗じられないことを要する。

第四款　自動車輸送

一、航空部隊は飛行場変換資材の集積および輸送などのため自動車輸送によることが多い。自動車部隊による輸送は直通輸送によることが通常であるが、時として輸送距離の長短、道路の景況、自動車の状態などを考慮して区間輸送を行い、あるいはこれを併用することがある。直通輸送は積載、卸下などに要する時間を減じ、輸送力を発揮し積載品の破損を防ぎ得るなどの利を有し、区間輸送は対敵動作を適切にし、損傷車両の処置が容易などの利を有する。

二、自動車輸送の特性発揮のため着意すべき件

1、道路の数および良否は自動車輸送に大きな影響を及ぼす。ゆえに各級指揮官は常に道路を偵察してその景況を明らかにし、この保護および補修に勉め、輸送の実施にあたっては多少迂路となっても素質良好な道路の選定に着意することが緊要である。しかし状況が要すれば不良な道路であっても万難を排して輸送を敢行しなければならない。

2、道路の保護および補修のためには上級指揮官において航空地区部隊、工兵その他所要の部隊をもって実施させるほか、輸送部隊自らこれを実施する。このため各部落の住民に担任地区を配当することがある。

3、輸送部隊が道路を補修するためには状況、道路使用の目的、通過部隊の大小などを考慮し、作業部隊を補修材料とともに先遣し、あるいは適宜の地点に配置して作業を迅速かつ容易にする。

4、自動車部隊の進路上なかんずく発着点付近、隘路、主要な道路の交叉点などにおける交通整理の適否は、自動車部隊の輸送力発揮上大きな影響を及ぼすものであるから特に注意を要する。

第二節　機動の要領

第一款　通則

一、要旨

地上（水上または海上）輸送部隊は軍事鉄道機関および船舶機関などに依存し、または自隊もしくは配属（協力）された自動車部隊などにより機動を行うものとする。地上（水上または海上）機動にあたっては輸送機関の種類および状態、戦況、輸送中における敵の各種妨害などを考慮し輸送順序、搭載区分特に搭載人員および器材の編合などを適切にし、その損害を局限するとともに爾後における任務遂行に支障のないことを要する。機動間各部隊は自ら手段を尽くして各種の障害を排除し、所命の時機までに機動を完了することを要する。

二、鉄道または船舶もしくは舟艇による地上（水上または海上）機動にあたっては各部隊は関係機関との連絡を緊密にするとともに、輸送間特に輸送軍紀を厳正にし、輸送実施を整斉確実にすることを要する。鉄道（船舶または舟艇）輸送を要する部隊は輸送請求書を関係機関に提出し、関係機関に輸送計画の策定および輸送の実施に遺憾のないようにすることが緊要である。この際正確な輸送数量を算定困難な場合においても航空作戦の特性並びに編制装備の特質に鑑み、先ず速やかにその概要を通報し、関係機関に勉めて準備に余裕をもたせることが緊要である。

三、自動車による機動

自動車による地上機動にあたっては特に道路の景況、輸送兵力、季節、気象などを考慮し、あらかじめ道路偵察を実施するとともに要すれば警戒、道路補修などの処置を講じることが緊要である。自動車による地上機動にあたっては直通輸送によることを通常とし、自動車部隊と被輸送部隊との指揮関係を明確にしておくことを要する。

第二款　飛行部隊

一、飛行団長

飛行団長は地上（水上または海上）機動のため飛行師団長の命令にもとづき機動の目的、空中部隊の機動開始および完了の時機並びにその要領、配当された輸送機関の種類および数量、輸送兵力、関係地上部隊の機動要領などを考慮し、機動計画を策定し、部下各部隊の行動を律する。

二、戦隊長

戦隊長は地上機動のため展開飛行場およびその付近に位置する航空地区部隊、地上勤務部隊、航空補給修理諸廠などの配置および能力、展開飛行場到着より第一撃までの余裕時間などを考慮し、通常先発および後発に区分し、各々その兵力、編組、兵器および器材の種類および数量などを定めるものとする。そして先発隊はその任務に鑑み特に指揮官、携行兵器、器材などの選定を適切にし、後発隊は空中部隊の機動を考慮し、一部の整備人員を最後まで残置するよう計画する着意が緊要である。

第四章　展開

第一節　要則

一、展開一般の要領

展開のため飛行師団長は航空軍司令官の企図にもとづき展開計画を策定し、これにもとづき先ず地上勤務部隊を展開させ、資材の集積その他地上における戦闘準備を完了させた後、飛行部隊を展開させるのを通常とする。師団長は航空地区を画定し、戦隊に対し根拠および機動飛行場を配当する。

二、空地両部隊の協同

展開にあたり飛行師団長は空地両部隊の協同を律する。飛行団長以下の指揮官は速やかに関係地上勤務部隊指揮官と会同し、自己の企図および行動予定を通報するとともに、空地協同上必要な件に関し勉めて具体的に要求し、爾後における協同に遺憾のないようにすることを要する。この際地上勤務部隊指揮官は特に積極的に飛行部隊に協力し、その戦闘遂行を容易にすることを要する。

三、航空基地（飛行場）機能の完整

地上勤務部隊は展開を命じられると任務にもとづき速やかに展開地における準備なかんずく航空基地（飛行場）機能を完整し、随時飛行部隊の要求に即応し得る態勢を整えることを要する。航空基地（飛行場）機能を完整するためには特に通信施設を完整し、航空用資材を集積し、対空警備を厳重にするとともに、飛行場勤務を確立することが緊要である。

第二節　地上勤務部隊の展開

第一款　航空地区部隊

その一　航空地区司令部

一、航空地区部隊の展開は上級指揮官がこれを計画し、詳細な展開計画により命令されるのを通常とする。このため地区司令官は要すれば部下部隊の配置、輸送などに関し意見を具申することが肝要である。そして展開を命じられれば所要の事項を補備し、機を失せず部下部隊の展開を命令するものとする。

状況により展開地域、協力すべき飛行団、展開開始および完了の時間、輸送機関の配当など展開に関する要項のみを命令され、自ら展開を計画実施することがある。

二、航空地区部隊の配置

航空地区部隊の配置は上級指揮官の企図にもとづき、関係飛行団の戦力を遺憾なく発揮させることを主眼としてこれを決定することを要する。そして地区司令官は通常関係飛行団長と同一飛行場に位置するものとする。飛行場大隊はその全部を当初より展開させるのを通常とするが、作戦上の要求、航空地区の状況などにより一部を控置することを可とすることがある。

三、展開時における警備

展開にあたり地区司令官は担任航空地区特に航空基地（飛行場）の警備なかんずく防空の部署を適切にすることを要する。

四、資材の集積

展開にあたり地区司令官は上級指揮官または関係飛行団長の命令にもとづき適時部下部隊に対し飛行場に集積すべき資材なかんずく燃料、弾薬、酸素などの種類数量および基準保有量、補給を受けるべき部隊および時期、要すれば保管、出納に任じる部隊、補給すべき部隊などに関し所要の事項を示して集積させ、臨時飛行部隊の要求に即応できることを要する。

その二　飛行場大隊

一、展開のための命令

大隊長は展開にあたり勉めて中隊長などを集め、現地について通常左記事項中所要の件を命令するものとする。そして状況に応じ各部隊に合同命令を与え、あるいは所要の部隊に各別命令を与え、また下達にあたっては先ず要旨のみを下達し、後で完全な命令を付与し、あるいは先ず準備に関し所要の事項を命令し、爾後さらに必要な命令を付与するなど、その方法を状況に即応させることが緊要である。

1、警備中隊および高射中隊に対しては警備すべき地域または掩護すべき物件、警備の重点、配備の概要、警備中隊および高射中隊相互並びにこれらと高射砲部隊などとの協同要領、要すれば昼夜における配備変更の概要など。

2、資材中隊に対しては集積または保管すべき資材の種類および数量並びに集積場所、補給を受けるべき部隊、補給すべき部隊、補充および補給の要領、要すれば点灯設備など。

3、通信班に対しては構成すべき飛行場内の通信網およびその完成時期、電話交換所の位置、要すれば航空通信部隊との連繋、通信網構成の順序など。

4、化学班に対してはガス防護の重点、防護施設の種類、程度および配置の概要、ガス勤務の大綱、各隊の防護施設実施に対する協力要領など。

その他戦備の度、実施すべき作業、休宿、給養、衛生など。

二、資材の集積並びに点灯設備

資材特に燃料、弾薬などの集積所は補給に便利で浸水の顧慮がなく、かつ勉めて空地の敵に遮蔽した位置にこれを選定し、かつ敵の攻撃に対し損害を局限し得るよう既設設備あるいは地形を利用して極力分散配置するとともに、所要の掩護設備を施すことが緊要である。

点灯設備は点灯器材の能力および数量、設備すべき部隊の数、位置および要度、地方電力使用の能否などを考慮し、その順序および程度を適切にすることを要する。

三、飛行場の整備

大隊長は飛行機の分散にともなう誘導路並びに人員用掩体、飛行機用掩体、各種火器の掩体などを整備し、かつ主要な附属設備を勉めて地下に施設し、敵の各種攻撃に対し人員、資材、施設などを掩護するとともに、一部の損害を他に波及させないことが緊要である。このため各隊において実施すべき諸作業に関しその種類、程度、順序および完成時期、使用し得る諸資材の種類、数量およびその交付位置、配当すべき作業力、要すれば各隊の協同連繋などに関し所要の事項を示すものとする。

四、二箇以上の飛行場に展開する場合

飛行場大隊が二箇以上の飛行場を展開する場合においては、大隊長は任務、敵情、飛行場使用の目的および期間、飛行場間の距離、交通および通信施設などを考慮し、特に各飛行場に配置すべき部隊の兵力および編組を適切にし、勤務の遂行に遺憾のないようにすることを要する。

第二款　航空情報聯隊

一、展開の要領

展開の順序およびその方法並びに展開完了および情報勤務開始の時機は高級指揮官の企図、飛行部隊の行動などにもとづき緊急重要なものから逐次情報勤務を開始し得るよう定めるものとする。このため聯隊の展開は各部隊同時に実施するのを通常とするが戦況、敵情、輸送機関の状態、地勢、気象などに応じ、先ず主要なものから逐次配置するのを可とすることがある。

二、対空敵情監視網の構成

対空敵情監視網の組織は敵航空部隊の兵力およびその配置、わが航空部隊の配置および行動、電波警戒および対空監視部隊の兵力および編組、地勢、防空部隊の状態などを考慮し、電波警戒機を骨幹とし比隣（隣接）相互に支援し、かつその弱点、間隙などを対空監視哨により補備できるよう配置することにより、監視網に罅《か》隙《げき》（すきま）がないようにするとともに、敵を遠距離に捕捉してその諸元を求め、爾後その行動を明らかにするよう一貫した組織であることが緊要である。

三、各部隊の配置

各部隊の配置にあたっては電波警戒中隊および対空監視中隊を有機的に活動させるよう考慮することを要する。このため建制の中隊を併列し、所要の地域に数線の電波警戒網並びに対空監視線を構成し、飛行部隊などに対する協力関係および情報伝達担任区分および他の情報機関との協力関係などを定めるのを通常とする。

わが航空基地の配置、その要度などにより所要の電波警戒および対空監視兵力をもって直接航空基地対空敵情監視に任じることがある。

1、電波警戒機の配置

電波警戒機の配置にあたっては器材の特性にもとづき配置すべき位置の選定を適切にするとともに、電力利用の便を考慮することを要する。指揮官は勉めて各警戒所の展開位置を警戒方向に対し推進するとともに、万難を排して制高地点を占めることにより警戒可能限界を延伸し、任務達成の基礎を確立することを要する。この際電波警戒機の弱点を考慮し、自ら所要の対空監視哨を配置するほか、所在の対空監視中隊その他の部隊と密に連絡し、その不利を補う処置を講じることが緊要である。

2、対空監視部隊の配置

対空監視部隊の配置を定めるにあたっては電波警戒部隊などとの連繋を考慮し、あらゆる方向からの敵機の行動を速やかに発見して対応に余裕をもつとともに、監視を免れた敵機の進入を絶無にすることが緊要である。また彼我航空部隊の配置および行動、地勢などに鑑み、敵機来襲のおそれが最も多い方面の監視を特に厳しくすることが緊要である。このためなるべく敵に近くあるいは要点より適宜離隔してその四周に配置するとともに、兵力の許す限り縦深にわたり監視網を構成することを要する。監視哨の間隔は監視の手段、兵力などにより異なるが、なるべく間隙を生じることなく、重要な方面においてこれを密にすることを要する。

四、通信連絡施設

情報を速やかに報告通報するため情報通信網を完整することが極めて緊要である。

第三款　航測聯隊

一、聯隊

1、聯隊長は展開にあたり飛行師団その他に配属すべき部下中隊を部署し、その補給に関し所要の事項を定めるとともに、本部機関および直轄部隊を展開させることにより各飛行師団、軍直轄部隊などに対する協力に遺憾のないようにすることを要する。

2、聯隊長は展開に先立ち通信の要度、繁閑、通信距離、部隊の配置、器材の状況、地形、気象の交感などを考慮し、航測勤務用通信網構成に関する計画を定め、これにもとづき展開させるものとする。

3、展開にあたり聯隊長は勉めて各部隊に準備の余裕があるよう処置するとともに、各部隊に展開後寸暇を利用して逐次航測準備を完整させ、飛行部隊に対する積極的協力に遺憾のないようにすることを要する。

二、中隊

1、展開にあたり中隊長は位置線測定（航空機を用いて地形の形状や位置を正確に測定する）に任じる。小隊は通常その協力すべき各飛行部隊の飛行場に分置し、直轄小隊は飛行師団内各飛行部隊のため位置決定に適するようその展開地域内適宜の位置に展開させるものとする。状況により隣接飛行師団の展開地域内に一部を配置されることがある。

2、展開すれば飛行師団長の企図並びに関係飛行部隊との協定にもとづき速やかに誤差測定（誤差を分析し測定結果の信頼性を評価する）を行うものとする。位置線測定に任じる小隊の誤差測定は通常協力すべき飛行団の協力の下に小隊長が直轄して各班毎に実施し、位置決定に任じる小隊の誤差測定は通常飛行師団司偵戦隊協力の下に中隊長が統轄して行うものとする。

三、小隊

1、位置線測定に任じる小隊長は中隊長の企図にもとづき部下部隊の能力および現況、協力すべき飛行部隊の配置およびこれとの協力要領などを考慮し、部下各班に対し協力すべき部隊を指定し、その要求にもとづき所要の飛行場に展開させるものとする。

本部航測班は小隊長がこれを直轄し、飛行団直轄部隊がある場合は通常これに協力させ、状況によりその他の部隊に協力させるものとする。

2、小隊長は中隊長の命令および協力すべき飛行部隊の要求にもとづき、各班に概ね同時に展開を完了させるものとする。状況により先ず重要な班から逐次展開させることがある。展開はできる限り速やかにこれを完了し、航測勤務のための諸準備を完整させることが緊要である。

第三節　飛行部隊

第一款　飛行団

一、要旨

飛行団の展開実施の要領はわが企図、状況特に現配置と集中地およびこれと展開配置との関係、輸送機関などにより異なるが、通常飛行団長統一指揮の下に集中地に機動した後、所命の航空基地（飛行場）に展開し、または現在地より直ちに所命の飛行場に展開させるものとする。

展開にあたっては通常空中部隊の機動に先立ちあらかじめ飛行戦隊整備力の大部を所望のように配置して地上における戦闘の諸準備を完了した後、空中部隊を移動させるものとする。状況により空中部隊と同時にその活動に必要な最小限の整備力を推進し、空中部隊の展開後大部の機動を実施することがある。

二、展開のための命令

飛行団長は飛行師団長の命令にもとづき展開航空基地内飛行場の配置および状態、敵航空状況、部下部隊の状態、季節、気象などを考慮し、部下部隊の配置及戦闘準備に関し左記事項中所要の件を命令し、速やかに戦闘準備を整えさせるものとする。

○根拠（拠点）および機動飛行場の配当、○展開完了の時機、○戦備の度、

○展開要領　整備および対空無線隊などの展開、飛行部隊の機動順序および時機、欺騙行動、輸送機の配当、通信および保安施設の利用、

○航空基地の警備　飛行場大隊との協同、直接警備の担任、

○飛行場規定に関する事項、○邀撃および追尾攻撃、○自己の位置および行動、

○休宿、内務、給養および衛生

機動に先立ち展開を命じた場合においても、飛行団長は展開地に到着後要すれば展開および戦闘準備に関し、現地の状況に合うように所要の事項を補備するものとする。

三、飛行団配置の要領

飛行団の配置は指揮掌握に便利であるとともに、配当された航空基地内の飛行場を広く利用し、その戦力を遺憾なく発揮させるとともに、敵機来襲への対応に有利であることを要する。このため各戦隊に対し根拠飛行場として一箇を配当するほか、

その戦闘行動を考慮し展開航空基地の全般にわたり機動飛行場として一ないし数箇を配当するものとする。数箇の部隊に同一飛行場を使わせるのは勉めて避けるべきであるが、機動飛行場のためには状況により数箇の部隊に同一飛行場を使用させ、または他部隊の根拠飛行場をこれに充当することがある。

四、飛行団長の位置

飛行団長は展開地域内主要飛行場に位置し、飛行師団長との連絡ならびに部下部隊の確実な掌握と的確軽捷な指揮とに遺憾のないように通信連絡施設を完整し、所要に応じ他の主要飛行場に適時移動して指揮し得るよう準備することを要する。

五、敵機の来襲に対する対応処置

展開にあたり飛行団長は飛行師団長の命令にもとづき、敵機の来襲に対する周到な対応処置を定めておくことが緊要である。

このため飛行部隊の状況、部下部隊および情報機関の配置、相互の連絡手段、季節、気象などを考慮し、来襲する敵機を邀撃し、これを捕捉撃滅するとともに、できれば追尾攻撃を実施し得るよう各部隊の戦備の度、要すれば警急姿勢におくべき兵力、情報収集特に航空情報部隊との連絡法、邀撃実施の要領などを決定し、また追尾攻撃に関し必要な事項を定め、適宜部下部隊にこの憑拠を与えることを要する。

六、地上勤務部隊との連繋

展開にあたり飛行団長は戦況、予想する戦闘各期における部下部隊の活動、地上勤務部隊の配置およびその状態などを考慮し、地上勤務部隊の根拠および機動飛行場における協力要領、通信施設、情報速達の方法、地上および対空警備に対する協力要領、休宿、給養、衛生などに関し所要の件を概定し、航空地区部隊特に飛行場大隊、航空通信聯隊、対空無線隊、航空情報隊、野戦航空修理廠、同分廠、独立整備隊などに通報もしくは要求し、これら部隊に準備の憑拠を得させるとともに、その活動を飛行団の戦闘準備に即応させることが緊要である。

展開後直ちに戦闘に任じる場合においては特にそうである。

七、資材の準備

展開にあたり飛行団長は飛行師団長の企図にもとづき飛行団の使用する各飛行場または航空基地に集積または集積替すべき資材の種類および数量を算定し、関係航空地区司令官、野戦航空修理廠、同分廠などにこれを示し、部下部隊の活動に遺憾のないことを要する。

第二款　戦隊

一、展開のための命令

展開にあたり戦隊長は飛行団長の命令および展開飛行場における関係諸部隊との協定にもとづき、部下部隊に対し左記事項中所要の件を命令するものとする。この下達にあたっては特にその方法を状況に適応させ、本部諸機関、各中隊および整備隊に準備の余裕をもたせるとともに、戦隊の展開を軽捷にする着意が緊要である。

○本部および各部隊の配置並びに諸施設の配当、○本部、各中隊および整備隊の配置、○諸施設特に各種掩体、誘導路などの使用区分、○展開完了の時機、○対空無線班の通信所および施設、○偽配置、偽行動および企図秘匿、○地上勤務部隊との協同、○敵の来襲に際し取るべき処置、○整備、補給、休宿、給養および衛生など

二、戦隊内の配置

戦隊長が飛行場における部下部隊の配置を定めるにあたっては指揮連絡の容易並びに警戒しやすくするほか、特に敵の攻撃に対する損害の軽減などを考慮し、できる限り部下部隊を分散配置するとともに掩護、偽装、欺騙、遮蔽、防護などに関し所要の処置を講じることを要する。このため勉めて飛行場諸施設を活用するとともに、関係諸部隊と緊密に連携し、これら施設を補備増強することが緊要である。こ

の際邀撃のための急遽出動を容易にし、夜間における損害を減少するため昼夜における配置の変更を考慮することを要する。

三、戦隊長の位置

戦隊長は指揮の的確軽捷を期すため、戦隊全般の指揮に便利で、かつ部下部隊の行動を直接観察できる場所に位置するものとする。このため連絡施設を完備することが緊要である。

四、機動飛行場の使用

展開にあたり戦隊長は配当された機動飛行場使用の目的、期間、頻度などを考慮し、所要の人員、器材特に整備力をこれに配当するものとする。この際根拠飛行場における戦闘行動に支障を来さないよう配置の時機、移動要領などを定めることが緊要である。

機動飛行場使用のためには事前に当該飛行場関係諸部隊指揮官に使用の目的、兵力、時機、期間などを通報するとともに、あらかじめ戦隊本部および各中隊に派遣すべき人員、器材などの基準並びにその移動に関し所要の事項を指示し、その準備に遺憾のないようにすることが緊要である。

第八篇　進攻

第一章　要則

第一節　要旨

一、進攻の意義

進攻は航空戦力発揮の要道であり、敵を圧倒撃滅する最良の手段である。ゆえに航空部隊は進攻によりその戦力を遺憾なく発揮することを要する。

進攻とは敵地に進出し敵を圧倒撃滅することで航進、出発、戦闘、帰還などを含み、攻撃目標は航空、地上、洋上など何れの敵であるかを問わないものとする。

二、進攻の要

進攻の要は飛行部隊の軽捷偉大な機動力を発揮して敵地に進出し所望の時機、所望の目標に対し独特の戦闘威力を発揮して敵を圧倒撃滅することにある。

三、進攻の時機

進攻は戦機に投じ勉めて敵の意表に出ることを要する。このため攻撃時機の選定を適切にし、常にその準備の完整に勉め、かつ手段を尽くしてわが企図を秘匿することが緊要である。しかし準備に藉口《しゃこう》して（かこつけて）行動が鈍重に陥り、企図秘匿に専念して戦機を逸するようなことは厳にこれを戒めなければならない。

進攻にあたっては払暁攻撃のため夜暗を利用し、企図を秘匿して航進し、攻撃後夜暗を利用して敵の追尾を避け、あるいは夜暗または不良な気象状況に乗じて敵を奇襲するなど、特に夜暗および気象の利用に着意することを要する。

夜暗、気象利用にあたり着意すべき件

1、払暁または薄暮あるいは夜間を利用する場合においては、各々分科部隊の特性に応じ、特に日（月）出および日（月）没時刻、薄明時間、月齢などを綿密に調査し、また気象情報の収集に勉めるとともに出発、航進などに関し周到な準備を整えることが緊要である。

2、気象特に不良な気象状況を利用しようとする場合は、指揮官は作戦地における天文、気象に関する統計資料につき季節、高度、時刻に応じる周期的変化の状況を精細に把握するのみならず、局地的気象特に予想目標付近の気象状態の変化に対する判断を正鵠《せいこく》（目標の中心）とし、かつ部下部隊の練度に応じこの利用克服の手段方法を確立することを要する。

3、夜間はややもすれば錯誤を生じやすいので、あらかじめ準備を周到にし、各部隊の関係を明確にするとともに、攻撃の時機および方法を適切にし、かつ機上における作業を勉めて簡単にすることを要する。この際各部隊の航進に関し所要の事項を統制するのを通常とし、状況により誘導機を誘導に任じることがある。

4、夜間は雲霧、雨雪などの障害の度が大きいので気象判断を適切にし、要すれば気象捜索機を派遣することがある。

四、企図の秘匿

企図秘匿のためには夜暗および気象を利用するほか通信管制を適切にし、かつ敵の各種情報に対しわが航路および高度の選定を適切にするとともに、進んでこれを妨害または欺騙する着意を必要とする。

敵の各種情報機関に対しわが企図を秘匿するためには敵監視機関の種類および器材の性能、わが兵力、地形、彼我の戦線などを考慮し、行動の秘匿に徹し、あるいは敵を妨害し、または欺騙するなど変通自在(その場そのときに応じて自由自在に変化すること)あらゆる手段方法を講じることを要する。なかんずく敵電波監視網に対しては事前にこの情報の収集を周密にし、警戒網の間隙、電波死角の利用または欺騙行動などによりその弱点に乗じ、あるいは積極的に妨害または制圧するなどの手段を尽くしてこれを突破しなければならない。

電波警戒機は方向並びに距離は測定できるが高度、兵力などに関しては的確に測定できない。また地表面の彎曲にもとづく電波死角を形成し、かつ地形の影響を受けることが大きく、しかも欺騙されやすいのが弱点である。

五、各種術策の活用

進攻にあたっては目的、わが軍の状況、敵情、気象、戦訓などに鑑み牽制（敵の行動を抑制するための行動）および誘致（敵をある場所に誘い込むこと）など各種戦術的術策を活用し、巧みに戦機を構成捕捉するとともに、戦法の硬直を戒め融通自在あらゆる手段方法を臨機に綜合採用し、もって敵に対応の策をなくさせることが特に緊要である。

第二節　各分科部隊の協同

一、要旨

進攻は状況に応じ分科飛行部隊独力または他分科飛行部隊と協同の下に実施するものとする。そして協同進攻にあたっては高級指揮官の部署にもとづき、あるいは協同して攻撃を実施し、または相互に他分科飛行部隊の攻撃に協力するものとする。この際特に事前の協定を周到かつ具体的にしておくとともに、よく相互の意志を疎通（相互理解）し、統合戦力の発揮に遺憾のないようにすることを要する。

二、戦爆（襲）協同

各分科飛行部隊なかんずく戦闘隊と爆（襲）撃隊との協同進攻はその実施が適切なときは特に戦果を大きくすることができる。飛行場攻撃において特にそうである。協同進攻にあたっては各部隊は各々任務にもとづき進み、他部隊の戦闘を容易にするよう特に精神的協同の実を挙げることを要する。

戦爆（襲）協同侵攻の関係は左のとおりである。

1、両部隊を目標に指向し、その統合戦闘威力の発揮を主眼とし、両者協同して攻撃する（協同）。この際において戦闘隊は通常攻撃目標の敵飛行場上空もしくは協同する飛行部隊の航路上空に敵機を求めて攻撃するものとし、その行動は最も拘束されることなく、戦力発揮に有利であるが爆撃隊などの掩護は確実ではない。

2、某分科飛行部隊に他分科飛行部隊の戦闘に協力させる（協力）。

（1）戦闘隊が他分科飛行部隊に協力する場合においては、戦闘隊は他分科飛行部隊のため進路の開拓、掩護、収容などに任じるものとし、その行動はやや拘束されるが、爆撃隊などの掩護は前者に比べ確実である。そして進路を開拓しあるいは収容に任じるためには敵戦闘隊の配置および状態、友軍飛行部隊の行動などを考慮して、特にその航路上敵戦闘隊の跳梁を予期する空域などに戦闘隊の威力を指向して敵を撃滅し、他分科飛行部隊の行動を容易にするものとする。

他分科飛行部隊を掩護する場合その要領は状況により異なるが、戦闘隊は爆（襲）撃部隊の行動を基準として行動を律し、その最も危険な時機もしくは空域における被掩護部隊の行動を安全にするとともに、できる限り一部をもって常時直接掩護に任じさせることが緊要である。

直接掩護のためには戦闘隊は被掩護部隊に対する敵の後側方攻撃を阻止するよう主力を直接その近傍に配置するものとする。戦闘隊に掩護させる場合には指揮官は敵戦闘隊の活動状況、気象などを考慮し、掩護に任じる時機および空域、掩護の要領などを明示することを要する。

直接掩護は専ら被掩護部隊の行動を安全容易にするため戦闘隊は被掩護部隊の行動を基準として行動し、戦闘隊の戦闘上の要求と矛盾する行動を採り、また決戦の回避を要することが少なくないが、近時一般の趨勢は直接掩護である。

（2）爆撃隊が戦闘隊に協力する場合においては戦闘隊の進攻に密に連繋し、敵飛行部隊を誘致または牽制し、または敵地上防空火力を分散し、あるいは戦闘隊が収めた戦果拡張（圧倒的な戦果を得るため攻勢を強化する）に任じるなど、戦闘隊の攻撃を容易にするよう行動するものとする。

三、偵察隊と他分科飛行部隊との協同

戦闘のため偵察隊と他分科飛行部隊との協同を緊密にするのは攻撃および戦闘指導のため極めて重要である。このため偵察隊の一部を適時配属または協力させるとともに、その出動時機および行動を適切にし、他分科飛行部隊にその成果を利用させることを要する。

偵察隊が他分科飛行部隊の戦闘に協力する場合においては特に事前の協定を綿密周到にし、他分科飛行部隊に戦闘成果を最大限発揮させるよう行動するものとする。

四、協定

戦闘隊と他分科飛行部隊が協同進攻（掩護する場合を含む）するにあたっては指揮官はあらかじめ相互にまたは連絡将校と会同し、各々知得する情報を相互に通報し、かつ協同または掩護の主義を明確にし、左記事項中所要の件につき具体的に協定することが緊要である。

○集合および航進要領特に高度、速度、隊形、○攻撃目標、攻撃時刻、攻撃方式、○戦闘間における協同もしくは掩護の要領、○通信連絡、○戦闘後の集合要領、○帰還経路、追尾攻撃対応処置

この際爆撃飛行団など遠距離戦闘隊を有する部隊にあってはこれと協同または掩護戦闘隊との行動の関係を明らかにしておくことを要する。

第三節　同時攻撃、波状攻撃

一、要旨

進攻にあたっては任務にもとづき攻撃の目的、目標の種類、敵情、わが兵力、気象、明暗の度などを考慮し、同時または波状攻撃を実施するものとする。同時攻撃は戦力を統合し一挙に所望の戦果を収めることができ、波状攻撃は敵に対応の処置を困難にするとともに、所望の時間わが戦力を継続して発揮し得る利がある。

同時攻撃を実施する場合においては各部隊の攻撃時刻、攻撃要領などを統制し、また波状攻撃を実施する場合においては各波の兵力および編組、攻撃間隔、攻撃要領などを適切にすることが緊要である。

攻撃要領は分科に応じ攻撃の目的、攻撃時機、目標の種類および状態などを考慮し攻撃法、攻撃方式、攻撃高度、攻撃方向などを定めるものとする。

二、同時攻撃

数箇の戦爆（襲）部隊をもって同時攻撃を実施する場合においては、指揮官は爆（襲）撃隊の爆撃部位、時刻および高度、攻撃および離脱の方向並びに戦闘隊の攻撃時刻、戦闘の要領など攻撃目標付近上空における各部隊の行動の準拠を明示し、その攻撃実施を整斉とすることが緊要である。

三、波状攻撃

波状攻撃を実施するにあたっては攻撃の目的、敵の兵力編組、敵行動の特性、わが兵力編組などを考慮し、その綜合戦果を大きくするとともに、敵に対応の遑《いとま》を与えないよう各波の兵力および編組、攻撃間隔、攻撃要領などを決定することを要する。そして各波の攻撃要領は勉めてこれを異なるものにするとともに、所要に充たない兵力を逐次に使用する弊に陥るのを避け、かつ先攻部隊の攻撃成果を次回攻撃部隊が利用し、これを増大するよう着意することが緊要である。

第二章　進攻準備

第一節　要旨

一、準備の完整は出動を軽捷にする基礎である。ゆえに指揮官は絶えず状況を判断し、わが企図、出発時刻、装備などを示し、部下部隊に準備を周到にさせ、命令一下直ちに所命の行動を開始できることを要する。夜間進攻を企図する場合において特にそうである。

二、進攻準備にあたって飛行部隊は分科に応じ、その順序および方法を状況に適応させることが緊要である。進攻準備間においては敵機の来襲を顧慮し、この対応処置と進攻準備との節調（バランス）に遺憾のないようにすることを要する。

1、準備の順序、方法を状況に適応させるためには任務にもとづき敵情、友軍の状況、部下部隊の状態などを考慮し、先ず速やかに邀撃態勢を整え、あるいは所要の部隊に警急姿勢を命じて応急出動に備え、または損害局限と対空戦闘の見地より、所要の態勢を採るなどの処置を必要とする。

2、敵機来襲に対する処置と進攻準備との節調を適切にするには、全般の状況特に進攻の時機、進攻準備進捗の度、分科の特性などを考慮し、あるいは主力もしくは全力をもって邀撃し、または一部をもって邀撃させ、状況によっては対空戦闘のみに止めるなど、戦闘指導を当時の状況に適応させることを要する。

第二節　各分科部隊の準備

一、攻撃に関する準備研究

進攻部隊指揮官は常に上級指揮官の企図、一般の状況、予想する攻撃目標の状態などを明らかにするとともに、予想目標付近および航路上の気象情報を収集整理し、分科に応じ攻撃方式、爆（雷）撃法、火網構成法など攻撃実施に関する研究、準備にその出動を軽快にすることを要する。状況に応じ急遽出動しようとする場合においては警急姿勢を命じることがある。

二、出動に関する準備

各分科飛行部隊戦隊長は敵機の活動状況、飛行場の施設、各中隊の配置、季節、出動準備に使用し得る人員および器材の状況、気象とくに飛行場付近における局地的気象の特性、明暗の度などを考慮してあらかじめ出動準備、始動、発進、地上滑走、整置（離陸前にフラップ、スラット、エレベータ、ラダーの角度を飛行に適した状態に調整する）、離陸、空中集合などに関し所要の事項を規定し、これを各中隊および関係諸部隊に徹底させ、所要の準備を整えさせることが緊要である。夜間出動のために特にそうである。

三、弾種信管の決定

爆、襲分科戦隊長は装備機種に応じあらかじめ装備すべき弾種、弾数、信管の種類およびその搭載要領、燃料、酸素の搭載、武装特に各機の予備銃（砲）の装備および携行弾数、各機の搭載品（救命具、糧秣、医療品など）などを規定し、出動にあたり装備を完全にし、その指揮を的確軽捷にすることを要する。

爆弾および信管の種類は爆撃の目的、爆撃高度、目標の種類および状態特にその構造および強度、目標付近の地形、飛行機の搭載効率などを考慮して選定することを要する。爆撃の目的、目標の種類によっては一目標に対し二種以上の爆弾および信管を使用し、または化学弾を混用することを有利とすることがある。

四、地上勤務部隊

進攻準備の整否および遅速は地上勤務部隊の活動に俟つところが極めて大きい。兵器の整備に関し特にそうである。このため地上勤務部隊は関係飛行部隊指揮官と連絡し、兵器の整備並びに燃料、弾薬、酸素などの補給を実施するとともに気象、通信および保安勤務に関する準備を整えることを要する。

第三節　各種進攻に応じる準備

一、夜間進攻を企図する場合

夜暗を利用する進攻を企図する場合において飛行部隊はあらかじめ出発、夜間航進、攻撃実施などに関する準備に遺憾のないようにするとともに、地上勤務部隊は航法施設、飛行場の照明設備などを完備して飛行部隊の行動を容易にすることが緊要である。

二、特種の攻撃を企図する場合

特種の攻撃とは空中爆撃、体あたり、化兵攻撃、雷撃、少数機による執拗な波状攻撃などをいい、各々その種類に応じ準備の内容および要領を適切にすることを要する。特種の攻撃を企図する場合においてはあらかじめ攻撃法、資材の取扱などを訓練し、かつ所要資材の準備に遺憾のないようにすることを要する。この際特に企図の秘匿に注意するとともに、要すれば部隊を指定して所要の訓練を実施させることが緊要である。特種の攻撃を企図するにあたり、これに協同する部隊があるときにおいてはこれと緊密に連携し、周到な協同戦闘の要領を確定しておくことが緊要である。

三、地上作戦に協力する場合

地上部隊の作戦に協力する場合においては手段を尽くして地上の戦況、地形などを明らかにし、要すれば直接地上部隊と連絡し得るよう準備することが緊要である。

直協任務に服する飛行部隊指揮官は勉めて関係地上部隊指揮官とあらかじめ会同し、各々知得した敵情、地形、部下部隊の状態などを具体的に通報し、地上部隊の企図にもとづき空地協同に関し、左記事項中所要の件について上級指揮官の協定を補足するものとする。

○戦闘各期における直協要領、○指揮官の位置および相互の連絡法、
○彼我飛行機の識別および戦線標示に関する事項、
○使用地図、空中写真の利用、目標（地点）の番（符）号などに関する事項、
○目標および地点の指示法、○情報交換に関する事項、
○地上部隊に属する偵察隊との協同に関する事項など

直協要領はわが兵力、戦況、協力すべき地上部隊などにより異なるが、協定にあたり直協のため戦力指向の目的および重点、協力関係などその要綱を明らかにし、勉めて飛行部隊の戦闘威力を主動的に運用することを要する。

地上作戦に協力する場合航空高級指揮官と地上兵団指揮官との協定は作戦綱要にもとづいて実施されるので、直協任務に服する部隊としては右協定事項を基準とし、直協要領を主体として協定を行い、その要綱を定めるものとする。

協定すべき事項は戦況、地上作戦指導の要領などにより異なるが、特に飛行部隊なかんずく分科による特性（戦力、攻撃威力、捜索能力、軽快性、爆撃襲撃実施要領など）を協同すべき地上部隊によく理解させ、勉めて空地協同上の不利を避けるよう協定を周到にすることが緊要である。

四、高々度または超低空航進を企図する場合

高々度航進または攻撃を企図する場合においては搭乗者の高々度適性を考慮するとともに、航進計画において搭乗者の任務区分に応じる携行酸素量にもとづき、高々度航進時間を的確に算定するのみならず、酸素吸入器の装備、照準具、爆弾投下装備、機関砲（銃）などの凍結に対する保温に関し、確実な整備を実施しておくことが緊要である。また超低空航進を企図する場合においては地形地物の状況、敵情なかんずく電波警戒機の配置、対空火器の状況などに関する研究を周到にすることを要する。

第四節　出動命令

一、飛行部隊の出動命令は分科、部隊の任務、指揮の要領などにより異なるが、自己の企図、出発、航進、要すれば攻撃部署、帰還、関係ある他部隊の行動などに関し所要の事項を命令するものとする。攻撃部署は分科および指揮の要領に応じわが企図、敵の機種および兵力または目標の状態、彼我の態勢、気象なかんずく視程の良否などを考慮し、攻撃目標の配当、攻撃法、攻撃方式、攻撃方向などを定めるものとする。そして空中指揮に任じる場合においては要すれば攻撃部署中攻撃目標、攻撃法、攻撃方式などを予定として示しておくものとする。

二、命令下達上の注意
　飛行部隊の出動命令は特にこれを簡潔にし、かつ下達を迅速にすることにより整斉軽捷に出動できるようにすることを要する。状況により各部隊に出発のみを命じ、爾後空中において逐次所要の事項を命じることがある。

第三章　進攻実施

第一節　要旨

一、進攻は飛行団長以下指揮官の空中指揮の下に実施するのを本則とし、航進のため適宜の地点に集合した後航進し、この間に得た情報にもとづき攻撃を実施するものとする。

二、進攻にあたっては指揮官以下人員の損傷、兵器の損耗など幾多の苛烈困難な状況を現出するのを通常とする。この間に処しよく所期の目的を貫徹し得るもの一《いっ》に懸《かか》って指揮官以下の旺盛な闘志と鞏れてなお止まずの攻撃精神とにある。ゆえに戦闘間たとえ指揮官を失い、または多数の欠機を生じるに至っても各部隊は益々団結を鞏固にし、いよいよ攻撃精神を発揮して手段を尽くし、一意任務に邁進しなければならない。

三、地上指揮に任じる場合において、指揮官は攻撃部署にもとづき基準となるべき部隊を定めて協同の関係を律するとともに、部隊の出動間絶えずその行動を明らかにし、要すれば部隊出動後に判明した状況を通報し、勉めて意図のように指導するものとする。この際特に企図の秘匿に注意するとともに、部下部隊に対し大いに独断活用の余地を与えることが緊要である。

第二節　出発及航進

一、出発が整斉円滑で軽捷なのは任務達成の第一歩である。ゆえに出発にあたり指揮官は飛行場の状態、出動兵力、気象、明暗の度などを考慮し発進、地上滑走、離陸、空中集合、出発時における飛行場上空の掩護などに関し所要の事項を補備し、航空地部隊の有機的活動の下に整斉として各部隊を出発させることを要する。

地上滑走および離陸を整斉円滑にするため状況により飛行場司令は出発掛、誘導掛などを設けてその規整に任じることがある。夜間および視程が短小な場合において特にそうである。

二、航進のための集合

飛行団長が空中指揮に任じる場合においては通常敵に近く位置する戦隊、または飛行場上空または飛行団司令部所在飛行場上空に所命の高度および時刻に飛行団長の直率する戦隊を基準として集合するものとする。状況により航路上所命の地点を所命の高度および時刻をもって通過する飛行団長の直率する戦隊を基準として集合することがある。時として各部隊に航進目標、到着時刻などを示して地域および高度上に分進させ、爾後要すれば集結して航進し、または所命の時刻に攻撃させることがある。

三、航進の部署

航進にあたり指揮官は気象および敵機活動の状況に鑑み、隊形および警戒部署を適切にするとともに、航路および高度の選定並びに速度の規正を適切にし、適時所命の地点に到達することを要する。

四、気象の利用

指揮官は航進間絶えず航路上の気象状況を観察し、最近の気象図と出発前および航進間に入手した気象情報とを照合して気象を判断し、機に先立ち適切な決心をして部下部隊に明示し、要すれば航路、高度および隊形の変換を命令するものとする。この際状況が要すれば所要の地点の気象実況の通報を基地における対空無線隊に要求する着意が肝要である。

五、夜間航進
夜間航進にあたっては攻撃の目的、敵情、気象、明暗の度、季節、地形の熟否、保安施設、分科の特性などを考慮し戦隊毎に航進空域を定め、要すれば時刻を規正することにより部隊の撞着混雑を防止し、かつ爾後の攻撃のため戦力の集結を的確にするように部署することが緊要である。月明時においては概ね昼間に準じて行動するものとする。

六、超低空航進
超低空航進を実施するにあたっては超低空航進の目的、目標の遠近、地形、敵防空火器および対空監視網なかんずく電波警戒網の配置などを考慮し、超低空航進転移の時機を適切にし、かつその目的に応じて隊形の選択を適切にし、行動の軽捷を図るとともにあらかじめ地形地物の準備研究を周到にし、方向維持を的確にする着意が緊要である。超低空航進においては行動を軽捷にするため、団結を乱さない限り各中隊長に適宜隊形を選択させるのを通常とする。

七、航進間敵飛行部隊に遭遇した場合
航進間敵飛行部隊に遭遇した場合においては任務、わが兵力編組、敵の機種および兵力などを考慮してその行動を律するものとする。戦爆連合部隊にあっては敵戦闘隊に対してはわが戦闘隊にこれを攻撃させ、主力はこれに介意することなく（気にせずに）一意航進を継続することを通常とする。

第三節　航進間における警戒

一、警戒一般の要領

航進間飛行部隊は各級指揮官以下常に索敵警戒を周密にし、烱眼《けいがん》（物事の本質を見抜く力）よく敵に先んじて敵を発見し、もって爾後の戦闘行動を有利にするとともに、敵の奇襲を予防することを要する。情報の収集、捜索警戒のためには出発前および行動間を通じ関係部隊との連絡、偵察機あるいは斥候の派遣などによりできる限り諸情報を収集して敵飛行部隊特に戦闘隊の状況を明らかにすることを要する。

二、索敵警戒の要領及着意すべき事項

1、索敵警戒の手段

索敵警戒は主として視察により行われるが、電波兵器など特種の器材を使用することがある。

2、索敵警戒の方向

索敵警戒は全周に対し実施することを要する。雲、太陽の方向、上方あるいはわが射界および視界上の弱点など敵機の攻撃に有利な方面には特に注意を倍蓰《ばいし》（五倍）することを要する。

3、索敵警戒のため飛行機の行動

索敵警戒を行うにはわが索敵力が大きい正面を活用するとともに、索敵力が小さい方面の警戒を十分に行うことが緊要である。このため機種により航進間時々姿勢を変え、または小角度の方向変換を行い、あるいは単座機などにおいてはできれば索敵力が大きい正面を転移して全周に対し索敵し、敵機の不在を確認した方向に後方を向けることを有利とする。この際急激な行動は敵に発見の端緒を与えるので注意を要する。

4、索敵警戒上注意すべき時期

国境または戦線を通過し、あるいは敵機の活動する空域に進入しようとするとき、または雲の上、下際を航進し、もしくは高射砲の爆煙を発見した場合など、敵機に遭遇する虞が大きい場合は直ちに戦闘行動に移り得るよう準備することを要する、

5、機影を発見した場合の行動

機影を認めれば速やかに彼我を識別しなければならない。ゆえに空中勤務者は常に彼我飛行機の形式、特徴、性能、戦法などを詳知し、かつ全般の戦況特に彼我の

空中状況を明らかにすることにより、正確に彼我を識別し得ることを要する。

高射砲の爆煙は彼我識別の憑拠となることがある。彼我不明の場合はこれを敵と見做して行動する。敵機を発見すればこれに連繫する敵の所在の有無を探究するとともに、他の方面の敵に対する警戒に注意することが緊要である。

6、警戒の弛緩に対する注意

遠距離、高空あるいは気象状況不良の場合の行動、または戦闘後の帰還など疲労で行動困難となり、精神の弛緩を来しやすい場合においては、空中勤務者は益々志気を緊張し、警戒に粗漏のないよう注意しなければならない。

7、戦闘隊と他分科飛行部隊

爆撃隊、偵察隊などにあっては遠距離戦闘隊または協力（協同）戦闘隊と密に連繫し、その行動を考慮して行動することを有利とする。

三、警戒の部署

部隊行動間における警戒の要領は機種、兵力などにより異なるが、指揮官の適切な部署と各機の周密な索敵警戒により完璧を期し得るものとする。

警戒のためには隊形および態勢の選択並びに索敵警戒の要領を適切にするとともに、偵察機あるいは斥候を先遣し、あるいは前方外周に斥候を配置することを有利とする。大きな部隊あるいは戦闘隊において特にそうである。

1、隊形および態勢の選択

各部隊は状況に応じ警戒が容易なように隊形を選定し、また戦爆部隊の関係特に戦闘隊の位置および行動を適切にすることを要する。

2、索敵警戒の要領

索敵警戒のためには機種、兵力および隊形などに応じ各隊を独立して索敵警戒に任じ、あるいは全部隊を統一し各隊に部隊の全周に対し重複して実施させ、あるいは各隊に主として担任すべき索敵方向を配当して実施させるものとする。戦闘隊にあっては指揮官自ら常に索敵警戒を実施するとともに、後方にあるものは特に上方および後方に対し警戒することを要する。

各隊に主として担任すべき警戒方向を配当するには通常前方にあるものには前方を、側方にあるものには側方要すれば後方を、後方にあるものには後方を警戒させるものとする。主として警戒すべき方向を配当された各機においては操縦者は隊形保持のための注視方向を、その他のものにあっては視界により異なるが、主として担任する方向を警戒するものとする。敵機を発見すれば速やかにこれを報告する。このため状況に応じ数発の連射を実施する。

第四節　進攻間における通信

一、要旨

進攻間における空中通信は戦闘指揮の完璧を期すため極めて重要である。このため準備にあたり器材の整備を完整するとともに、予想する通信状況を考慮して通信型式および通信諸元の運用、敵の通信戦能力に対する電波管制およびその時機並びに空中状況による発振勢力（電波の強さ）制限の要領、通信輻輳《ふくそう》（混雑）の時機およびその対策、事故惹起の場合における処置などに関し所要の事項を決定し、通信実施に対し的確な準拠を与えることを要する。

二、通信管制

指揮官は航進間通信管制の実行を厳に監督し無用電波の輻射を戒めるとともに、通信実施にあたっては時機の選択を適切にし、かつ敵地との距離を考慮して出力を減じ、極力通信文を簡単にし、かつ急襲的に実施させるなどわが企図を暴露しないよう着意することが緊要である。

第五節　敵電波警戒網の突破

第一款　要則

一、突破のための手段

敵電波警戒網突破のためには敵を制圧もしくは牽制しあるいは電波死角を利用するなど、各種手段を活用することを要する。この際できる限り敵警戒機または標定機を撲滅することを可とする。攻撃に当り小部隊（概ね一中隊以下）による場合には電波死角を利用して隠密接敵し、大部隊による場合には制圧、牽制などの手段を併用することを通常とする。

二、突破にあたり考慮すべき事項

敵電波警戒網を突破して攻撃するにあたっては、敵防空組織特に地上電波警戒網の構成、他監視機関の配置、飛行機などによる哨戒並びにわが軍の兵力、編組、攻撃目標、地形、天候気象などを考慮することを要する。この際突破のみに専念して攻撃に支障を来し、その成果発揚に欠けるようなことがあってはならない。

第二款　敵を牽制して行う突破

一、要旨

敵電波兵器の制圧または電波死角の利用による突破は必ずしも常にこれを望むこ

とはできないが、敵を牽制して行う突破は容易にこれを実施できる利点がある。

二、陽動

陽動の主眼は電波警戒機の鋭敏性を逆用し、方向並びに時間的に多数次にわたり行動し、わが行動の真偽を不明にすることにより、敵の邀撃能力を分散遅鈍にすることにある。このため一部の分派、時間差、隊形、高度などを適切にし、常に一定の型式に陥るのを避け、敵に予測判断をさせないことを要する。

三、分進

分進の主眼は敵にわが主力の指向方向の判定を困難にさせることにある。このため数方向より異高度をもって合撃（複数の航空機が連携して攻撃する）し、主力は電波死角を利用しなるべく低高度をもって航進することを可とする。この際分進する一部隊を敵電波警戒機に直進させるときは主力欺騙のため有効である。

四、変針

変針の主眼は敵電波警戒機の追随を困難にし、あるいは敵電波誘導機の作業を惑乱させることにより敵の邀撃を困難にすることにある。このため敵電波誘導機の誘導可能範囲（概ね一〇〇キロ）において適宜角度の大きい変針を行うことを可とする。

五、変高

変高の主眼は敵電波警戒機の警戒を擾乱してその指揮を混乱させ、または敵の警戒を疲労させることにある。このため敵電波警戒網内において電波死角内に高度を低下し、あるいは敵電波警戒機に対し出没するよう適宜変高するなどの手段を講じることを要する。

第三款　電波死角または地形を利用する接敵

一、要旨

電波死角または地形を利用する接敵はわが企図を秘匿し、敵を奇襲することができる。ゆえに任務にもとづき地形、敵警戒機の配置、攻撃目標、攻撃兵力、天候気象などを考慮し、状況が許せばこの方法を採ることが有利である。なかんずく超低空接敵は敵電波警戒網に対し有利であるのみならず、敵戦闘機の攻撃および高射砲などの射撃をも困難にするので、小部隊の攻撃にあたってはなるべくこの方法を採用することを可とする。電波死角および地形を利用する接敵にあたってはあらかじめ敵警戒機の標高、性能、配置などを知得し航進要領を決定するとともに、電波探索機を利用するものとする。

二、電波死角の利用

電波死角を利用して接敵するにあたっては、電波探索機により敵電波警戒網に進入しようとしていることを探知すれば、緩降下により高度を低下し、再び水平に移行し、階段的に降下しつつ航進するものとする。

三、地形の利用

地形により生起する電波死角を利用する接敵の要領は概ね前項に準じる。この方法は天候気象の影響が極めて大きく、また大部隊による行動は困難とする不利がある。

第四款　敵を妨害または制圧しておこなう突破

一、要旨

敵を妨害または制圧して行う突破は直接敵電波兵器を撲滅するか、あるいは妨害機、妨害片によりその機能を喪失させ、またはこの両者を併用するものとする。妨害機、妨害片による妨害制圧は敵の対応処置により十分な効果を収め難いのを通常とするので、状況が許す限り直接撲滅することを可とする。

二、警戒機、標定機の撲滅

警戒機、標定機の撲滅は主力部隊の主目標攻撃時機に先行し、奇襲的に行うことを通常とする。

三、妨害機、妨害片の利用

妨害機は主として電波警戒機、妨害片（敵の電波にノイズを発生させて位置測定を妨げる）は主として電波標定機に対してこれを利用するものとする。

第六節　攻撃

第一款　要則

一、攻撃下令

空中指揮に任じる場合においては、指揮官は航進間判明した状況にもとづき攻撃部署を決定し、攻撃を下令する。

あらかじめ攻撃部署の予定を示している場合においても、攻撃下令にあたりその要項および攻撃後の行動などに関し的確に命令することが緊要である。

二、攻撃命令

攻撃下命にあたっては左記事項中必要の件を簡潔に命じるものとする。

○攻撃目標、○攻撃方式　爆（襲）撃隊にあっては爆撃法および火網構成法、

○攻撃方向、爆（襲）撃隊にあっては攻撃高度、投下諸元など、
○攻撃後の行動

三、攻撃の要領

攻撃の要領は目標の種類、部隊の編組、兵力の大小、敵戦闘隊の活動状況、防空火器の状況、気象などを考慮し、最大の効果を収めるよう攻撃の方式、攻撃の方法を選定するものとする。

四、空中戦闘

空中戦闘にあたっては特に鞏固な団結を保持し、指揮官以下急激な状況の変化に対応し、慧眼よく戦機を看破し、戦闘威力を所望の目標に集中発揮することを要する。この際分科に応じ戦闘の要領を異にするが、戦闘隊は先制を確保して態勢の優越を必占し、爆（襲）撃隊はいよいよ鞏固な団結を堅持して熾烈な火力と適切な機動とにより、よく戦闘の目的を達成しなければならない。

空中戦闘にあたっては分科の如何を問わず炳眼よく敵に先んじて敵を発見することが攻撃奏功の第一歩であることを銘肝することを要する。

第二隷　飛行場攻撃

その一　要旨

一、飛行場攻撃の目的

飛行場攻撃の目的は主として飛行機および空中勤務者を撃滅することにある。状況により指揮組織、修理資材、飛行地区などを破壊することを有利とすることがある。そして飛行地区の攻撃はその時機、破壊の程度などが適切でなければ効果がともなわないことがあるので、爾後の攻撃に連携させる着意が緊要である。

二、攻撃の要領

飛行場攻撃にあたってはわが企図にもとづき敵の兵力、編組、配置、戦法、掩護施設の状態、防空機関の状況、気象、明暗の度などを考慮し、攻撃目的の達成に必要な戦爆部隊を指向することが緊要である。状況により爆撃隊に敵飛行場を攻撃させ、敵を空中に誘い出してわが戦闘隊の戦闘を容易にし、あるいはわが戦闘隊に敵戦闘機を牽制または誘致して爆撃隊の攻撃を容易にするよう部署することを有利とすることがある。また戦闘隊のみをもって攻撃させる場合においても、できる限り一部の爆撃隊に敵が飛行場に着陸する時機を利用して、これを捕捉撃滅する着意を必要とする。

その二　直前捜索及攻撃成果の捜索

一、攻撃直前の捜索

攻撃直前の捜索を行う場合においては攻撃部隊に先行し、攻撃すべき飛行場の状況、航路およびその飛行場付近における気象状況などを明らかにすることを要する。このため攻撃の時機および方法、攻撃部隊の種類、兵力および編組、予想する戦況などを考慮し、達成すべき目的、捜索すべき事項、報告の時機および要領を定め、所要の機数を部署するものとする。この際報告の時機、捜索すべき範囲および事項など当時の状況を考慮し、捜索に要する時間の余裕をもたせるよう各種の出発時刻を定めることが必要である。敵戦闘機の妨害並びに気象状況の変化を予想する場合において特にそうである。

二、攻撃成果の捜索

攻撃の成果の捜索を行う場合においては通常攻撃後の敵機の動静なかんずく残存機数、移動または追尾の有無などを明らかにするものとする。状況により爆砲撃の効果を併せて観察することがある。このため攻撃後若干時間を空け爆煙が消滅し、あるいは敵機が着陸する時機などに乗じるよう捜索時機を定めることを可とする。この際直接攻撃した飛行場を捜索するほか、関係飛行場を適時捜索または監視させ、攻撃成果を明らかにする着意を必要とする。

その三　戦爆協同における戦闘隊の行動

戦闘隊が他分科飛行部隊と協同し、敵飛行場上空に敵機を求めて攻撃を企図する場合においては、指揮官は敵機捕捉の確実を図るため、協同する飛行部隊の行動、敵飛行場の配置、季節、気象などに応じ進攻の態勢なかんずく進攻方向および高度の選定を適切にすることを要する。

状況により当初一部を分進し、主力に呼応し敵を包囲攻撃するよう部署することを可とすることがある。この際状況が許せば対地攻撃を敢行し、在地敵機の撃摧に勉めることを要する。

その四　爆（襲）撃隊の攻撃

一、要旨

飛行場攻撃にあたっては在地敵機の機種、配置および遮蔽の度、付近の地形、飛行場施設、彼我飛行機の活動状況、防空機関の状態、天文、気象などを考慮し接敵要領、攻撃方式および攻撃方法の選定を適切にすることが緊要である。

攻撃にあたっては一部をもって敵防空火器の制圧を要することが多い。

二、爆撃隊の爆撃要領

飛行場に対する爆撃はその目的、在地敵機の機種、兵力配置および遮蔽の度、飛行場施設、防空機関の状態、気象、明暗の度などにより爆撃法、火網構成法、爆撃部位、使用すべき弾種、信管などを決定するものとする。暴露した飛行機に対しては瞬発信管付小型地雷弾または特殊攻撃用爆弾を用い、濃密な破片もしくは爆圧の効力により破壊することを通常とし、無蓋掩体内の飛行機に対しては瞬発信管付小型地雷弾の掩体内弾着によるか、特殊攻撃用爆弾もしくは曳火信管付爆弾による破壊を有利とする。何れの場合においても化学弾を混用すればさらに有利である。格納庫、修理工場などに対しては延期信管付小型または中型地雷弾を用い、これを破壊するのを通常とする。滑走地区に対しては土質、凍結の度、舗装路の有無などを考慮し、延期信管付小型または中型地雷弾により密度が適当な火網により漏斗孔地帯を構成し、離着陸のための滑走を不可能にする。

三、銃（砲）撃

暴露飛行機に対しては飛行機群の縦長に沿い編隊毎に銃撃部位を配当して行うのを通常とし、無蓋掩体内飛行機に対しては各編隊もしくは各機に一箇の掩体を配当することを可とする。

四、攻撃の方向及要領

攻撃の方向は爆撃火網の構成容易とともに敵の意表に出で、あるいは敵の対空射撃が困難なように定めることを要する。このため気象、地形、太陽の方向を利用できれば有利である。攻撃は一方向より、あるいは数方向より実施し、敵が対応の処置を講じるのを困難にさせることを要する。そして数方向より攻撃する場合には相互撞着の危険がないよう考慮することを要する。攻撃にあたっては攻撃法、攻撃の目的などに応じ、一挙に所望の効果を収めるよう同時攻撃を実施し、または波状攻撃を行うものとする。

五、高度

爆撃航路への航進および目標に対する接敵にあたっては気象を利用し、高々度あるいは超低空をもって航進し、目標付近において所望の高度および航路を採ることを有利とすることがある。攻撃のための高度は攻撃の目的、攻撃法に応じ、所望の精度を得るとともに防空機関などによる損害の減少を顧慮して決定するものとする。低空における攻撃直後の離脱は上昇することなく速度を増加し、速やかに対空火器の威力圏外に脱出することを可とする。

高度が大きくなるにしたがい目標の発見は困難となり、爆撃および射撃の精度は低下するが、敵の目視および聴音による発見を困難にし、対空火器による損害を減少し、有効火器を制限することができる。高度が低いとき利害は概ねこれに反する。

超低空にあっては敵の発見および対空火器の射撃並びに敵戦闘機の攻撃を困難にするが、行動の困難性は増大する。

六、分開して攻撃する場合

分開（互いに離れて航進する）して攻撃する場合においては各部隊の攻撃目標、航路、高度などに関し所要の事項を命令し、各部隊毎に攻撃目標を配当し、あるいは同一目標を重畳して攻撃させる。各部隊に攻撃目標を配当する場合においては攻撃時機を勉めて同一とすることを可とする。分開して攻撃するため指揮官は攻撃部署、目標確認の度、気象などを考慮し、分進点に部隊を誘導した後分進（複数の部隊が異なる方向に航進する）させる。分進点は分進後攻撃実施のため各部隊に所要の余裕をもたせるとともに、各部隊の攻撃時機を勉めて同時とすることを考慮して決定するものとする。攻撃実施後各部隊は速やかに分進前の隊形に復帰し、あるいは離脱後所命の集合点に集合するものとする。分開して行動している間は敵戦闘機に対し弱点を生じやすいので注意を要する。

七、超低空攻撃

超低空攻撃の実施にあたっては巧みに地形地物に遮蔽しつつ接敵し、敵の不意に乗じて急襲することを要する。この際地形を大観し、目標を標定（正確に特定する）して接敵の目標を確認すれば速やかに飛行方向を目標に指向するものとする。

八、拘束攻撃の要領

夜間などを利用し敵飛行部隊を飛行場に拘束した後これを攻撃するのを有利とすることがある。機動活発な敵を地上に捕捉しようとするような場合において、特にそうである。この際においては敵の出発に先立ち滑走地区などを破壊し、爾後要すればこの補修および出動準備を妨害して敵を拘束し、その成果を利用してこれを撃滅するものとする。そしてこの実施にあたっては各攻撃の時機および兵力を適切にするとともに、敵撃滅のための攻撃は強襲（圧倒的な急襲）を必要とする。

第三款　戦闘隊をもって某空域に敵を攻撃する場合

その一　要旨

一、決戦の時機、空域の決定

戦闘隊が独力で出動し敵機の撃滅に任じる場合においては、指揮官は任務にもとづき敵飛行部隊なかんずく戦闘隊の兵力、配置および活動状況並びに友軍飛行部隊の行動を考慮し、自主積極的に決戦を指導し得るようその時機および空域を決定するものとする。決戦の時機および空域は某時機および空域に局限するのを通常とするが、状況により行動空域のみを予定し、随所に敵を求めて撃滅し、もしくは当初一部を数箇所に行動させて生起する戦況に応じ、速やかに所要の空域に決戦を求めるのを有利とすることがある。この際指揮官は特に戦機の捕捉に勉めるとともに牽制、陽動、欺騙、誘致などの手段を活用し、敵機の捕捉撃滅を確実にするよう部署することが緊要である。

二、地上部隊の戦場付近上空に決戦を求める場合

指揮官は地上部隊の戦場付近上空に決戦を求めるにあたっては、友軍飛行部隊の行動、地上作戦の推移、気象などを考慮し、敵の出動状況を判断するとともに敵情監視、捜索などの処置を講じ、敵が蝟集《いしゅう》（一箇所に寄り集まる）する時機を巧みに捕捉し、また主動的に敵を誘致する手段を講じるなど、敵航空戦力の捕捉を的確にし、その集結戦闘威力を発揮してこの撃滅を容易にすることが緊要である。

その二　空中戦闘

一、戦闘隊形

戦闘隊が敵と遭遇する顧慮があるとき、指揮官は機を失せず戦闘隊形に変換させるとともに、要すれば有利な態勢を獲得するよう速度を増加し、接敵を開始するものとする。

二、接敵

接敵の要は機先を制して敵を奇襲できるよう態勢の優越を占めることにある。このため指揮官は常に主動の地位を占め、斥候（主に偵察機による偵察）を活用して的確な敵状の把握に勉め、要すれば適時戦隊に分進を命じ、敵の包囲に勉める。

三、攻撃下令

敵を捕捉すれば指揮官は部下部隊を部署（配置）して攻撃を下令するものとする。攻撃部署は敵の機種および兵力、彼我の態勢、気象状況特にわが企図により異なるが、空中戦闘の特性に鑑み、当初より所要の兵力を戦闘に加入させ、一挙に敵を撃滅することが緊要である。しかし当初一部を予備として控置することが少なくない。

四、戦闘指導

指揮官は急激に変化する状況に処し、慧眼をもって戦機を看破し、機先を制して敵を急襲し、部隊の戦闘威力を集中発揮して敵を撃滅するよう戦闘を指導することを要する。このため自ら一部を直率して率先攻撃に任じ、もしくはこれを予備として直率し、攻撃部隊に呼応して敵を圧するよう機動し、要すれば各部隊の機動を律して敵を捕捉し、戦闘が開始されれば全般の状況を洞察し、機を失せず戦闘に加入して攻撃部隊の戦闘を支援し、または戦果を拡張して戦勢を支配し、あるいは敵の逸脱を阻止し、または爾他の敵に備えるなど適時適切に戦闘を指導することが緊要である。

五、高位より敵の攻撃を受けようとする場合

高位より敵の攻撃を受けようとすれば、指揮官は巧みに機動を律して敵の包囲を脱し、かつ一部をもって敵を誘致し、主力をもって有利にこれを攻撃し、敵の攻撃を逐次各個戦闘に導き、部隊の集結戦闘威力を発揮することにより、これを各個に撃破するよう戦闘を指導することを要する。

六、敵戦闘隊に対する攻撃

敵戦闘隊を攻撃するにあたっては捕捉した敵群の上層に対し指揮官自ら率先し、あるいは最も迅速かつ容易に攻撃し得る態勢にある部隊より攻撃を開始し、相次いで包囲圏上より爾余の部隊の攻撃を集中することにより、先ず敵の組織的低位抗戦を破摧して混乱に陥らせ、爾後攻撃を反復し、もしくは部隊各個の攻撃を実施させて敵を撃滅するものとする。敵戦闘隊を攻撃するにあたり各個の攻撃を実施する場合においては特に他の敵に乗じられない顧慮を必要とする。このため各隊は目視連絡を保持することに勉め、かつその攻撃経過を迅速にし、速やかに部隊の集結を図るものとする。この際指揮官は一部に上空掩護を任じることがある。上空掩護に任

じる部隊は戦況および敵情を判断し、攻撃部隊の戦闘を適時掩護し得るよう適切な関係位置に占位機動し、新たな敵の戦闘加入を阻止し、離脱上昇する敵機を攻撃することを要する。

七、爆撃隊に対する攻撃

敵爆撃隊を攻撃するにあたっては、一団の敵に対し各部隊の攻撃を重畳指向するのを通常とする。この際特に特殊攻撃中隊に対する任務を明確に示し、指揮を適切にしてその効果を最大にするとともに、この利用に遺憾のないようにすることが緊要である。敵戦爆連合部隊を攻撃するにあたっては当時の状況に応じ最も速やかに撃滅を要する部隊に対し戦闘威力を集中発揮させるものとする。任務上先ず敵爆撃隊の攻撃を要する場合においては、敵戦闘隊に対し拘束の処置を講じることを要する。

八、戦闘後の集結及帰還

当面の敵を撃滅するか、そうではなくても戦闘予定時間を経過すれば、速やかに集結して爾後の行動を準備し、あるいは帰還の途に就くことを要する。しかし戦闘後の集結を迅速確実に実施するのは必ずしも容易ではなく、特に完全に敵を撃滅せず離脱を要する場合、その実行は頗る困難で、指揮官以下の適切な部署と行動を必要とする。戦闘時間の制限を受けるのは空中戦闘の一特性である。

1、集結の要領

集結のためには各単位部隊毎に集結しつつ、速やかに上級指揮官の掌握下に入るものとする。このため指揮官はその位置を明示することが必要である。集結する地域はその戦場付近でなるべく明瞭な地点を可とする。大部隊にあっては各部隊毎に集結し、あるいは集合地域を命じ集結させるものとする。

2、帰還の要領

帰還にあたっては敵の追躡《ついじょう》攻撃（敵の後方至近距離に肉薄する）に対し警戒するとともに、執拗な敵の追躡に対しては速やかにこれを排除することを要する。このため航進の部署を適切にし、各部隊の相互支援を適切にすることが必要である。また飛行場の上空まで高度を低下しないことを要する。

（附）爆（襲）撃隊の空中戦闘

その一　爆撃隊

一、空中戦闘の主眼

空中戦闘の主眼は鞏固な団結の下戦闘隊形を堅持し、卓越した射撃装備と射撃技能とにより熾烈な火力を発揚し、蝟集する敵機を速やかに撃墜することにある。

二、敵機の妨害を回避する要領

敵機の妨害を回避するためには勉めて遠距離にこれを発見し、速やかにその企図および行動を判断し、かつ彼我の態勢および性能を考慮して敵に捕捉されないよう行動するものとする。この際任務にもとづく爾後の行動を顧慮し、また気象を利用する着意を必要とする。時として欺騙行動の実施を可とすることがある。

三、敵機の攻撃を受けようとする場合の行動

敵機の攻撃を受けようとする場合においては堅確な戦闘隊形によりその威容を整えるとともに、火網構成に遺憾のないことが緊要である。状況により速度機動（急加速、急減速、急旋回）により敵の攻撃を困難にすることが有利となることがある。速度機動は敵戦闘機との速度差が小さい場合においてその価値は特に大きい。

四、射撃実施要領

空中戦闘における射撃の主眼は敵機の行動を予察し、速やかに準備を完整し好機に乗じて敵を撃墜することにある。このため射撃の実施法を状況に適応させるとともに、敵機の攻撃動作の機先を制することを要する。敵機がわが機関銃（砲）の射界内に攻撃してきたときは、わが有効射距離に入るのを待って熾烈な火力を発揚し、

一挙にこれを撃墜する。この際過早に粗漏な射撃を実施し弾薬を濫費してはいけないが、状況により遠距離より阻止射撃を実施することがある。敵機離脱の時機は撃墜の好機である。ゆえに敵が離脱しようとすれば機を失せずこれを捕捉撃墜することを要する。弾倉交換は敵機の状態に注意してその時機方法を適切にするとともに、交換を敏速にして敵に乗じられないことを要する。

五、敵の牽制、陽動などに対する着意

敵機はしばしば牽制、陽動などの術策によりわが罅隙に乗じ、あるいはわが弾薬を消耗させようとすることがあるので、全周に対する警戒を厳にするとともに、一部の敵に牽制され、あるいはその術中に陥らない着意が緊要である。

六、隊形及火網構成要領

空中戦闘のための隊形および火網は射死角を消滅して弱点を除去し、適時所望の方面に濃密な火力を集中し得るとともに、敵の攻撃を困難にすることを要する。このため通常密集した隊形を用い、状況により距離間隔をさらに閉縮する。しかし空中爆撃を受けるおそれがある場合においては敵の機関銃（砲）攻撃に乗じられない限り距離間隔の延伸を可とすることがある。隊形の混乱は敵機に攻撃の機会を与えるので、常にこれを堅持することが必要である。しかし欠機（故障や事故）を生じた場合においてはあらかじめ定めたところにしたがい、なるべく速やかに新たな隊形に転移し、敵に乗じる罅隙をなくすことを要する。主力より離隔した単機は敵の集中攻撃を受けやすい。

七、夜間戦闘

敵機は照空灯の協力をなくして攻撃してくることが多い。夜間の敵の攻撃は後下方特に機軸方向に近く指向されるのを通常とするので、特にこの方向に対する警戒を厳にし、敵の奇襲を受けないことが緊要である。また敵の発見を避けるため排気の消焔に注意することを要する。

その二　襲撃隊

一、空中戦闘の主眼

空中戦闘の主眼は優勢な固定銃砲の火力と鞏固な団結威力とを発揮し、機先を制して敵を攻撃し、これを各個に撃墜することにある。状況により隊形を緊縮し強固な団結と濃密な旋回銃防御火網とを構成し、敵機の攻撃を破摧することがある。

二、戦闘の要領

積極的に敵を攻撃する際における戦闘の要領は戦闘隊に、敵の攻撃を回避する場合は爆撃隊に準じるものとする。

第四款　海洋目標の攻撃

一、要旨

海洋における作戦にあっては航空部隊は敵上陸輸送船団、舟艇、潜水艦時として航空母艦または駆逐艦などに対する攻撃に任じる。

敵艦船に対する攻撃は雷撃、爆撃、跳飛爆弾などによる。

二、敵上陸輸送船団に対する攻撃

敵の上陸輸送船団に対する攻撃にあたっては勉めてその行動発起に先立ち、根拠地を急襲してこれを捕捉撃滅するとともに、その機動にあたっては好機に投じ猛烈果敢な攻撃を断行し、これを洋上に覆滅することが緊要である。攻撃にあたってはその護衛艦艇との真面目《しんめんもく》（真剣）の戦闘を避け、専ら主要艦船に攻撃を集中し、各種攻撃法を採用して一挙にこの覆滅を期すことを要する。

三、爆（雷）撃の要領

洋上における艦船の爆（雷）撃にあたっては、戦隊長は触接機の報告にもとづき各中隊に投下諸元とともに目標を配当し、触接機の誘導により目標の航行隊形に応じその縦長を広く捕捉し、あるいはその航進方向を包囲し得るような点に戦隊を誘導し、目標を発見するや戦隊を分開し、中隊毎の同時異方向の攻撃を実施するのを通常とする。敵艦船攻撃にあたっては高々度または高空より接敵し、あるいは雲を利用するなど極力わが企図の秘匿に勉めるとともに、各中隊の攻撃行動に混乱を惹起させない限り目標に近接して分開する着意が緊要である。しかし雷撃にあたっては高度の処理を考慮することを要する。

四、夜間における艦船の爆（雷）撃

夜間特に暗夜における艦船の爆（雷）撃にあたっては、戦隊長は触接機との連絡を特に緊密にし、その誘導により目標航路の側方または前側方に戦隊を誘導した後、照明に任じる部隊を分離して敵の背後を照明させ、主力は中隊毎に目標の背影を利用して概ね同一方向より連続して攻撃に任じるのを通常とする。

五、舟艇に対する攻撃

舟艇、油槽船などに対する攻撃にあたっては爆撃、銃（砲）撃を併用するものとする。銃（砲）撃は敵の弱点特に機関部、油槽などを攻撃するのが有利である。

（附）船団掩護

この際上空掩護および対空火器制圧の部署を欠いてはならない。

一、戦闘隊

戦闘隊が輸送船団の掩護に任じる場合においては、主力もしくは一部をもって被掩護船団上空に配置し、この船団の掩護を確実にするとともに、爾余の一部もしくは主力をその上空に重層配置することにより、配備の支撐《しとう》力（人員、装備などの充実度）を保持させるものとする。敵戦爆部隊の攻撃を受けるにあたっては手段を尽くして敵爆撃隊の撃滅に勉め、掩護を確実にすることを要する。

二、爆撃隊

爆撃隊が輸送船団の掩護に任じる場合においては、主として敵潜水艦に対する警戒のため一部をもって常時被掩護船団上空付近に配置し、航路四周を警戒してその掃蕩に任じさせ、主力は随時出動し得る態勢をもって待機し、逐次交代するとともに、敵の海上艦艇の出撃にあたっては機を失せず出動、この撃滅に任じるものとする。

三、その他の部隊

軍偵その他の部隊は状況により船団掩護のため対潜警戒に任じることがある。

第六款　その他の目標に対する攻撃

一、敵防空火器に対する攻撃

敵防空火器を攻撃するにあたってはその種類、兵力、戦法特にその配置および陣地設備を考慮し、あらかじめ入手した情報にもとづき地形、天文、気象などを利用して勉めて奇襲し、この制圧もしくは撲滅を図ることを要する。あらかじめ敵防空火器の位置を確認している場合においては死角を利用し、極力超低空攻撃によりこれを攻撃し、その位置が不確実な場合においては目視により捜索し、あるいは一部をもって牽制行動を行うなどの処置を講じてその位置を確認した後、攻撃するものとする。攻撃の手段は爆撃もしくは砲撃によるが、徹底的撲滅は困難であるから全般的に制圧を図るのを通常とし、状況により特に重要なものの撲滅を図るものとする。

二、敵電波警戒機または標定機の撲滅

警戒機または標定機の撲滅は通常先ず警戒機の撲滅を図ることを可とする。しかし特に高射部隊の制圧を要する場合においては先ず標定機を撲滅するものとする。警戒機、標定機の撲滅にあたり爆撃目標は通常空中線に指向するものとする。しかし敵の送受信所が掩蔽していないときは勉めて器材本体の攻撃を要する。

三、敵空中挺進部隊に対する攻撃

敵の空中挺進部隊に対する攻撃にあたっては、できる限り空輸間および降下前後における敵の弱点に乗じ、その輸送または滑空飛行部隊を求めて攻撃し、一挙にこれを撃滅することを要する。そして輸送または滑空飛行部隊に対する攻撃にあたっては掩護戦闘隊などに牽制されないことが緊要である。

第七節　帰還

一、帰還に関する部署並びに航路の選定
　各部隊の帰還を部署する場合においては敵なかんずく戦闘隊の配置、気象、わが航空情報部隊および防空部隊の配置などを考慮し、あらかじめ各部隊の攻撃実施後における離脱方向、集合点、帰還航路および帰還飛行場など所要の件を示すものとする。帰還航路は敵の妨害を避け、かつその追尾攻撃を困難とするように選定することを要する。このためなるべく速やかに友軍戦線内または国境内に入り、あるいはわが帰還航路を欺騙し得るよう選定することが有利である。

二、敵の追尾攻撃に対する対策
　敵はわが帰還にあたり往々にして追尾攻撃を企図することがある。ゆえに飛行部隊指揮官以下は攻撃終了後であっても警戒に罅隙のないようにするとともに、もし敵の追尾を知得した場合においては機を失せずその状況を各部隊に通報し、または帰還飛行場を変更させ、あるいは主力を某空域に待機させるとともに、所要の部隊にこれを攻撃させるなど収容もしくは着陸掩護の処置を講じ、敵に乗じさせないことが緊要である。敵の追尾攻撃に対しては先ず機動飛行場に着陸して敵を欺騙した後、根拠飛行場に帰還させあるいは多数の飛行場に分散着陸して敵の攻撃を困難にさせ、あるいは昼夜の別により帰還飛行場を変更させるなどの処置を講じるとともに、特に戦闘隊および防空部隊との連繫を緊密にし、速やかに帰還の要領なかんずくその飛行場、航路および高度に関し通報し、この協力に遺憾のないようにする着意を必要とする。

三、次期出動の準備

整斉とした帰還は次期戦力発揮の根基である。ゆえに飛行部隊はあらかじめ定められたところにもとづき、齟齬撞着なく着陸を実施し、飛行機を分散配置するとともに、地上勤務部隊は速やかに整備および補給を完了し、次期出動の準備を完整することを要する。

第九篇　邀撃　第一章　要則

一、邀撃の要

邀撃（敵の来襲をわが準備した空域に邀《むか》えてこれを撃滅する戦闘）の要は来襲する敵機を確実に捕捉し、わが準備した地域に捉えてこれを撃滅することにある。邀撃のためには特に電波兵器を活用することを要する。

二、邀撃に任じる部隊

邀撃は主として戦闘隊の任じるところであるが、その他の部隊もこれに任じることがある。各部隊は任務にもとづき進攻企図、進攻準備進捗の状況および敵情に応じ、または全力をもって、あるいは一部もしくは進攻に任じない兵力などをもって邀撃するものとする。防空を主任務とする戦闘隊にあっては主として邀撃によりその任務を達成するものとする。

三、邀撃実施一般の要領

状況により戦闘隊小兵力をもって戦線に近い敵飛行場付近の上空に待伏し、あるいは戦線付近上空を巡邏し、または戦線付近飛行場に潜伏して敵航空戦力の消耗減殺を図ることがある。このため通常部隊に潜伏飛行場、巡邏空域などを配当し各部隊毎に適宜出動させるものとする。これらの部隊は極力その行動を秘匿し、気象などを利用して敵を奇襲撃墜する。潜伏飛行場に配置された部隊は敵機の潜入に際しては航空情報機関の通報または目視により機を失せず出動するものとする。

四、邀撃と進攻

邀撃はややもすれば受動に陥り、徒にわが戦力を損耗する弊に陥りやすい。ゆえに各部隊は任務にもとづき全般の戦況および部隊の状態に適応するよう戦備の度を定め、戦闘にあたっては積極主動攻撃を断行して、あくまでその目的を達成するとともに、いやしくも邀撃に堕し進攻気勢を銷磨《しょうま》（へらしけずること）するようなことは厳に戒めなければならない。

五、飛行場勤務の的確

邀撃のためには飛行場勤務を的確にし、飛行部隊の急遽出動に遺憾のないことを要する。夜間において特にそうである。このため戦闘計画にもとづき要すれば各部隊の離陸方向、離陸順序などを規定しておくとともに、地上勤務部隊は積極的に飛行部隊の出動を援助することを要する。

第二章　戦闘隊邀撃戦闘の要領

第一節　準備

一、邀撃戦闘のためには任務にもとづき戦闘計画を定め、あらかじめ所要の事項を部下部隊に徹底することにより、戦闘実施に遺憾のないようにすることを要する。

戦闘計画においては予想する敵の来襲状況に応じる戦闘部署、情報、通信などに関し所要の事項を定めるものとする。そして常に敵情なかんずくその出動状況の波動を明らかにし、部下部隊の戦備の度を定め、情報および命令速達の手段を講じ、関係各飛行場、航空情報部隊、高射砲隊、隣接戦闘隊などとの連絡を緊密にし、適時的確に戦闘を指導することが緊要である。

二、戦闘部署

邀撃戦闘部署の要は確実に敵を捕捉するとともに、所要に応じ随時その集結戦闘威力を発揮して敵を徹底的に撃滅することにある。このため敵情に応じ適宜哨戒区域を設け、かつ所要の地域に直接兵力を配備するものとする。この際電波警戒機の活用に遺憾のないことが緊要である。邀撃戦闘部署にあたっては戦隊に担任地域を配当し、もしくは任務を与え、また相互赴援を律し、要すれば哨戒区域を指定し、かつ飛行団全力もしくは主力の集合点、攻撃前進方向などを定め、適時兵力の集結指向を期すものとする。この際任務にもとづき隣接兵団に対する赴援協力を的確にする着意が緊要である。

1、邀撃の担任地域は予想する敵の来襲方向およびその兵力、気象、明暗の度などに応じ敵を確実に捕捉し、戦闘にあたりわが集結威力を発揮し得るようこれを定めるものとする。担任地域は各部隊に捜索、哨戒、戦闘などを担任させる地域であり経緯度、座標または著明な地上物体をもって示すものとし、警戒の間隙を生じないよう、要すれば適宜重複させることが肝要である。

2、哨戒区域の指定にあたっては斥候配置の方向、兵力、各斥候の協同要領、敵機発見時の報告および通報、戦闘に際しての行動などを規定することを可とする。

3、夜間戦闘のためには通常待機地域を設けるものとする。待機地域およびその数はわが兵力特に電波警戒機部隊および照明部隊の配置などにより異なるが、通常一ないし数箇所に設けるものとする。待機地域には一中隊を基準とし、中隊は重層配置により待機させるものとする。

4、各隊相互の協同を律するためには比隣部隊に対する各部隊の支援、または隣接部隊の攻撃中の敵の退路遮断あるいは追撃などに関し所要の事項を定めるものとする。

三、戦備の度

戦闘戦隊は飛行団長の企図にもとづき敵航空部隊の活動状況、敵の戦法などを考慮し、各隊のとるべき態勢を定めるものとする。状況の緩急に応じ取るべき態勢の種類並びにその戦備の度の基準は左のとおりである。

警急姿勢甲　空中勤務者は飛行機に搭乗し、機付は機側に位置し、飛行機は始動済みで即時出発できる状態にある。

警急姿勢乙　空中勤務者は飛行機に搭乗し、機付は機側に位置し、飛行機は即時始動して出発できる状態にある。

待機姿勢　空中勤務者および機付は所定の場所に待機し、飛行機は即時始動して出発できる状態にある。

予備姿勢　人員は点検および飛行準備のための作業に従事し、完了後は所定の場所において休憩し、飛行機は掩体、繋留位置などに控置する。

戦隊戦闘司令所には警急姿勢におく中隊を旗により標示する。

四、情報の収集

邀撃のためには戦闘準備を周到にし、敵の奇襲を予防するとともに勉めて遠距離に敵を発見して、絶えずその航進状況を明らかにし、わが予期をもって敵の不期に乗じるよう戦闘を指導することを要する。このため情報および気象機関、地上防空部隊などとの連絡を緊密にし、機を失せず情報を入手する手段を講じるとともに、統計的に敵の行動を観察して速やかにその企図および慣用戦法を看破することが緊要である。情報機関との協同にあたっては電波警戒部隊と密に連繋し、その活用に遺憾のないようにすることが緊要である。

五、地上防空部隊との協同

邀撃のためには地上防空部隊との連繫を緊密にして戦闘空域を区分し、あるいは同一空域において同時にまたは時機を区分して戦闘させるなど、相互の協同に遺憾のないようにすることを要する。地上防空部隊との協同にあたってはあらかじめその指揮官と左記事項中所要の件を協定し、邀撃戦闘に遺憾のないようにすることを要する。

○戦闘空域の決定、○待機空域および高度、○照射要領、○空地連絡、○情報の交換および利用、○有軍機の識別、○爆煙による友軍戦闘機の誘導、○危害予防など

第二節　邀撃戦闘

敵機の来襲を察知すれば飛行部隊指揮官は速やかにその状況を部下部隊に通報するとともに、あらかじめ定めるところにもとづき出動を下令し、各部隊を直ちに戦闘部署に就かせるものとする。この際各部隊は飛行場警報（地上の飛行機などに重大な影響がある）または空襲警報により独断出動し、戦闘部署に就く着意が緊要である。邀

撃戦闘にあたってはその戦闘指揮を適切にし、勉めてわが戦力を集結発揮し、できる限り敵機の企図達成に先立ちこれを撃墜することを要する。敵の戦爆連合部隊に対しては手段を尽くしてその爆撃隊の撃滅に勉めることを要する。敵機の退避にあたっては邀撃に任じる部隊は任務に支障ない限りこれを窮追し、手段を尽くして撃滅することを要する。

第三章　電波兵器を使用する邀撃の要領

一、要旨

電波兵器を使用する場合は敵の来襲企図を速やかに看破し得るとともに、その航跡を正確に捕捉することにより飛行部隊を敵に対して適時的確に誘導することができる。電波兵器を使用する邀撃戦闘においては正確迅速な情報の接受、命令の伝達および誘導に遺憾のないよう特に通信網を完整することが緊要である。

二、電波警戒機または電波誘導機部隊

正確迅速な情報の接受利用と適時的確な飛行部隊の誘導とは邀撃戦闘成立の基礎である。ゆえに電波警戒機または誘導機部隊は周到な準備と適切な勤務により邀撃部隊の要求充足に勉めることを要する。

三、戦闘指揮の要領

邀撃戦闘を主宰すべき指揮官は通常地上において指揮するものとする。指揮官は状況判断を適切にし、電波警戒部隊その他より得た情報の取捨選択に機宜を制し（適切な判断をして行動する）、邀撃部隊を出動させ、爾後主として誘導機をもって敵に誘導することにより、確実に敵の捕捉に勉めることを要する。この際敵の行動、航路および速度を正確に判定するのは戦闘指揮を良好にする要素である。ゆえに指揮官は電波警戒機が得た情報を基礎とし、電波兵器の特性なかんずく観測誤差（電波の屈折、反射、アンテナの指向性、受信器ノイズなどによる）を考慮し、よく状況を明察して正確な諸元を獲得することが緊要である。

四、邀撃部隊の発進および誘導

邀撃部隊を発進させるべき時機は全般の状況を判断し、確実に敵を捕捉し得るとともに勉めて遠距離に敵を捕捉するよう決定することが緊要である。邀撃部隊発進後においては常に彼我の航跡を明らかにし、その関係位置の変化に応じ電波誘導に任じる部隊により適時前進方向および距離の修正を命じることにより、誘導を的確にすることを要する。

第四章　爆（襲）撃隊の邀撃

一、要旨

爆撃隊は一般の状況を考慮し、その有する戦闘隊に来襲する敵機を邀撃させ、これを捕捉撃滅するとともに、特殊の装備を有する爆撃機をもって適時邀撃を行う。夜間戦闘において特にそうである。敵機の来襲にあたってはできれば主力をもって追尾攻撃を実施し、あるいは他の飛行場に機動し得るよう各部隊の戦備の度、要すれば警急姿勢におくべき戦闘隊の兵力、情報収集特に航空情報部隊との連絡法、邀撃実施の要領などを決定するものとする。襲撃隊にあっては通常来襲した敵爆撃機などに対し邀撃を実施するものとし、爆撃隊に準じ戦備を整えるものとする。

二、戦備の度

戦隊長は飛行団長の企図にもとづき敵航空部隊の活動状況、敵の戦法などを考慮し、部下部隊の採るべき態勢を定め、戦備の度を律するものとする。

状況の緩急に応じ採るべき態勢の種類、その戦備の度の基準は左のとおりである。

警急姿勢　空中勤務者は飛行機に搭乗し、機付は機側に位置し、飛行機は要すれば始動し、即時始動出発できる状態にある。

待機姿勢　空中勤務者および機付は所定の場所に待機し、飛行機は即時始動出発できる状態にある。

予備姿勢　人員は点検および飛行準備のための作業に従事し、完了後は所定の場所において休憩し、飛行機は掩体、繋留位置に控置する。

三、襲撃隊の邀撃戦闘

襲撃隊は邀撃にあたり機を失せず敵爆撃機を捕捉するとともに戦隊の戦闘威力を集中発揮して敵に徹底的打撃を加え、一挙に敵の進攻戦意を破摧することを要する。

NF文庫

復刻版 日本軍教本シリーズ

「空中勤務者の嗜」

二〇二五年一月二十三日 第一刷発行

編 者 佐山二郎

発行者 赤堀正卓

発行所 株式会社 潮書房光人新社

〒100-8077 東京都千代田区大手町一-七-二

電話／〇三-六二八一-九八九一(代)

印刷・製本 中央精版印刷株式会社

定価はカバーに表示してあります

乱丁・落丁のものはお取りかえ致します。本文は中性紙を使用

ISBN978-4-7698-3387-1 C0195

http://www.kojinsha.co.jp

NF文庫

刊行のことば

第二次世界大戦の戦火が熄《や》んで五〇年——その間、小社は夥しい数の戦争の記録を渉猟し、発掘し、常に公正なる立場を貫いて書誌とし、大方の絶讃を博して今日に及ぶが、その源は、散華された世代への熱き思い入れであり、同時に、その記録を誌して平和の礎とし、後世に伝えんとするにある。

小社の出版物は、戦記、伝記、文学、エッセイ、写真集、その他、すでに一、〇〇〇点を越え、加えて戦後五〇年になんなんとするを契機として、「光人社NF（ノンフィクション）文庫」を創刊して、読者諸賢の熱烈要望におこたえする次第である。人生のバイブルとして、心弱きときの活性の糧《かて》として、散華の世代からの感動の肉声に、あなたもぜひ、耳を傾けて下さい。